家用燃气具及其安装与维修

任亢健　编著

中国轻工业出版社

图书在版编目（CIP）数据

家用燃气具及其安装与维修/任亢健编著．—北京：中国轻工业
出版社，2024.5
　ISBN 978-7-5019-6469-7

　Ⅰ．①家…　Ⅱ．①任…　Ⅲ．①燃气灶具—安装—技术培训—教材
②燃气灶具—维修—技术培训—教材③燃气设备—热水器具—安装—
技术培训—教材④燃气设备—热水器具—维修—技术培训—教材
Ⅳ．①TU996.7　TS914.252

　中国版本图书馆 CIP 数据核字（2008）第 077803 号

责任编辑：王　淳　　　文字编辑：宋　博
策划编辑：王　淳　　　责任终审：孟寿萱　　封面设计：灵思舞意·刘　微
版式设计：东方信邦　　责任校对：吴大朋　　责任监印：张　可

出版发行：中国轻工业出版社（北京鲁谷东街 5 号，邮编：100040）
印　　刷：北京君升印刷有限公司
经　　销：各地新华书店
版　　次：2024 年 5 月第 1 版第 10 次印刷
开　　本：720×1000　1/16　印张：15.75
字　　数：270 千字
书　　号：ISBN 978-7-5019-6469-7　定价：42.00 元
邮购电话：010-85119873
发行电话：010-85119832　010-85119912
网　　址：http://www.chlip.com.cn
Email：club@ chlip.com.cn
版权所有　侵权必究
如发现图书残缺请与我社邮购联系调换
240831K5C110ZBW

重印说明

  由于读者的需要，本书进行了重印。在这次重印中，对原内容未进行太多的改动。但这些年有关燃气及燃气具的国家标准及行业标准有了不少变化，为此本书必须进行相应更改。另外，这些年燃气具的发展比较快，如供水及供暖两用热水器、集成燃气灶及燃气烧烤炉等受到众多用户欢迎，为此本书重印中也对这些内容进行了介绍。

  在这次重印过程中，浙江省燃气具和厨具厨电行业协会的张秀梅秘书长和叶静秘书长以及上海林内公司等很多业内朋友都给予了很大帮助，在此表示衷心感谢！

任亢健

2022 年 12 月　于杭州

前　　言

近几年我国的燃气事业发展很快，特别是西气东输一线工程基本完成并开始投入使用、珠江三角洲液化天然气开始使用以后，使用天然气的城市和地区越来越广，燃气用户的数量越来越多。

在这种形势下，势必要求燃气器具的生产厂家生产出更多更好的产品，以满足市场的需要。但是，燃气具能不能在用户家里用好，用得安全，这涉及到许多环节。首先是生产厂家的研发人员应该开发出性能优异的产品，这些产品又必须有可靠的元部件以及先进的工艺与严格的操作做保证。产品变成商品进入用户家里后，还必须进行正确的安装，并得到正确的使用。燃气设备的正确的安装和使用绝不能被忽视，否则就有可能在今后某个时刻造成用户的财产损失和人身伤亡事故。

为了保证让用户得到并安全地使用更多更好的燃气具产品，必须有一支优秀的研发队伍和一支严格的生产队伍，但同时也必须建立一支训练有素的安装维修队伍。不管你在这个行业中具体从事什么工作，如果想使自己成为一名合格的员工，你就必须对燃气，以及燃气具的研发、生产和安装维修有一个比较全面的了解和认识。

近十年来，我在杭州松下住宅电器设备公司（原杭州松下燃气具公司）和深圳市燃气行业协会从事燃气具的技术培训工作，在全国各地结识了这个行业的许多朋友。其中有不少人曾跟我说，希望有一本知识面稍微全一点，实用性高一点，但通俗易懂的有关燃气具内容的书。从那时开始，我就想过：我能不能为这个行业编写出这么一本书来？

退休后，我有了充足的时间。于是戴上老花镜，用我那笨拙的双手敲打起了键盘。

编写中，得到杭州松下住宅电器设备公司、上海林内公司和上海能率公司等燃气具生产厂家及一些维修点朋友们的大力支持，同时还得到深圳市燃气行业协会、浙江省燃气具行业协会和深圳市燃气技术职业培训中心的热情鼓励和帮助以及周琳辉、郭圣权、孙晖、李军老师对此书的审稿中提出的意见和建议，在此我向大家表示由衷的感谢！

家用燃气具应包括燃气快速热水器、供暖/热水两用燃气热水器、燃气灶具、燃气饭煲、燃气取暖器、燃气干衣机、燃气空调等，但这里主要讨论燃气快速热水器和燃气灶具。

由于本人水平实在有限，书中错误和不到之处肯定不少，为了更好地发展我国的燃气和燃气具事业，敬请各位同行和读者批评指正。

任亢健

2008 年 3 月　于杭州

目　　录

第一章 燃气及器具基础知识

第一节 燃气种类

燃气，这里是指能作为燃料来使用的气体。在燃气中包含有可燃性气体及不可燃性气体。可燃性气体有碳氢化合物（C_mH_n）、氢气（H_2）、一氧化碳（CO）等；不可燃性气体有二氧化碳（CO_2）、氧（O_2）等。碳氢化合物中主要有甲烷（CH_4）、乙烷（C_2H_6）、丙烷（C_3H_8）、丁烷（C_4H_{10}）、乙烯（C_2H_4）、丙烯（C_3H_6）、丁烯（C_4H_8）。含 5 个碳及 5 个以上碳的碳氢化合物一般不作气体燃料使用，因为它们的沸点太高，在常温下常为液态。

一般使用于家庭中的燃气又分为人工燃气、天然气及液化石油气三种。

一、家用燃气分类

1. 人工燃气

大部分城市的人工燃气都是用煤作原料来制作的，称之为煤制气，它又分为干馏煤气和气化煤气。干馏煤气是把煤放在工业炉里隔绝空气加热，使煤发生物理化学变化而提出的可燃气；气化煤气是将煤或焦炭放入工业炉（发生炉、水煤气炉等）里燃烧，并通入空气、水蒸气，使其生成以一氧化碳和氢为主的可燃气体。人工燃气的主要成分为氢气（约占 40％～50％），其他还有一氧化碳（约占 10％～20％）、甲烷、二氧化碳、氮等。

煤制气的原料资源丰富，含有较多的氢，所以其优点是燃烧速度快、火焰稳定。但其缺点也非常突出，主要有：制气厂的投资较庞大；对环境和大气的污染严重；含有过多的一氧化碳，毒性大；含有较多的焦油、苯和萘等容易堵塞管道的物质。图 1-1 是一个制气厂及车间的局部照片。

少数城市的人工燃气以石油作原料来制作，称之为油制气。它是将重油放入工业炉内加压、加温并在催化剂的作用下，让重油裂解，生成可燃气体，如广州等城市就是用重油裂解气做主气源。油制气质量较好，它虽然同样具有煤制气的一些缺点，但它的一氧化碳含量很低，毒性很小。

我国早期开发的燃气中，人工燃气使用得比较多。但随着天然气的开发，

图 1-1

人工燃气在许多城市已逐渐被天然气所取代。

2. 天然气

天然气是存在于地下自然生成的一种可燃气体。天然气的来源主要有两种，即石油伴生气和干气田气。石油伴生气是伴随石油开采一块出来的气体，干气田气是从地下开采出来的纯天然气。其他，还有开采煤炭时采集的矿井瓦斯气、沼气等。天然气的主要成分是甲烷（CH_4），此外还含有一定量的乙烷，优质天然气甲烷的含量可占到 90% 以上。天然气在我国分布很广，我国最早在四川自贡自流井使用天然气，已具有 5000 年历史。目前我国开采的天然气主要有西北天然气、四川天然气、东海天然气等。

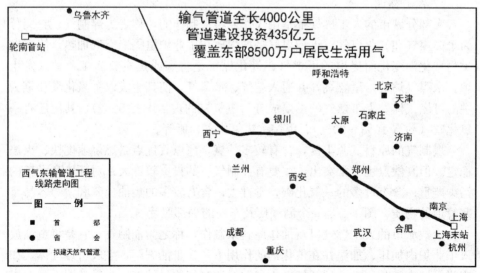

图 1-2

我国从 2002 年开始，进行了由西北（新疆塔里木盆地）将天然气输往东部（终点为上海）的"西气东输"工程。这条天然气输送主管道途经9个省、自治区及直辖市（新疆、甘肃、宁夏、陕西、山西、河南、安徽、江苏、上海），66个县市，年输气量达200亿立方米（图1-2）。整个工程已于2004年10月全线投产，2005年1月开始商业运行。而随着分支管道的不断增加，受益地区越来越多。仅到2006年9月止，沿途已供应3000多户工业企业，2亿居民从中受益。它对于调整我国能源结构、缓解中东部地区特别是长江三角洲地区能源供需紧张的矛盾，促进经济发展，改善大气环境质量，提高人民生活质量，建设资源节约型和环境优异型社会，都发挥了重要作用。图1-3是新疆"西气东输"起点处的照片。

图 1-3

另外，四川天然气东送工程已于2007年8月31日正式开工。这项"川气东送"工程西起四川省达州市，东至上海，途经六省两市，干线长度1700公里。主要供应江苏、浙江和上海，同时兼顾沿线的湖北、安徽和江西。它的主供气源为目前国内最大的天然气田——普光气田。

西气东输的二线工程也于2008年2月22日开工建设。它西起新疆霍尔果斯口岸，南至广东，东达上海，途经新疆、甘肃、宁夏、陕西、河南、湖北、江西、湖南、广东、广西、安徽、江苏、浙江、上海等14个省市区。一条主干线，8条支干线，总长9102公里，年输气量300亿立方米。沿途将翻越天山、秦岭和江南丘陵等山区，穿越新疆内陆湖、长江、黄河和珠江流域，将把来自中亚土库曼斯坦和境内新疆的天然气送到珠江三角洲和长江三角洲及中南等地区。2009年底西段建成投产，2011年前全线贯通，它加大了原一线工程的受益地区，另对于解决我国华南及华中地区的能源问题也尤为重要。图1-4

为西气东输二线工程大致走向的示意图。

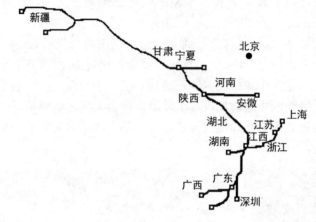

图 1-4

这几年我国从俄罗斯进口了不少天然气。

2015 年，中俄两国正式签署协议，铺设"西伯利亚力量2"管线，即中国天然气管线东段，并由俄罗斯天然气工业股份公司负责供气。

从 2019 年 12 月，东线天然气管线开始供气以来，已经有超过 100 亿立方米的天然气，源源不断输送到中国。中国东北地区的千家万户都用上了来自俄罗斯的天然气。

2021 年 12 月俄罗斯又一条通往中国的天然气管线即将开工建设。

新管线将在原有的"西伯利亚力量2"管线的基础上，继续南延。管线将直接穿越蒙古国直达我国境内。图 1-5 是俄罗斯天然气走向的示意图。

天然气是最优质的燃气，主要优点是它优异的环保效果。天然气在一次能源中是氢碳比最高的燃气（甲烷 1 个碳带 4 个氢），其燃烧排放物中 CO_2 的含量最少。另外，如硫等燃烧后能生成严重污染大气的有害物质在天然气中的含量也很低。加上它最容易燃烧，燃烧产物中 CO 和悬浮颗粒极少。所以，可以认为天然气是一种环保效果最佳的燃料。它本身不含 CO 等有毒物质，安全性高；生产、净化、输送的成本也低，是各种城市燃气中价格最低廉的、最具发展潜质的燃气。

现在我国部分地区还开始使用液化天然气。液化天然气，英文名称为 liquefied natural gas（常简称为 LNG）。天然气从气田开采出来后，经过净化处理，在常压下再将其冷却至约 −162℃ 变成液态，成为液化天然气，体积缩小到大约原体积的 1/600，可用船或专用汽车来运输。

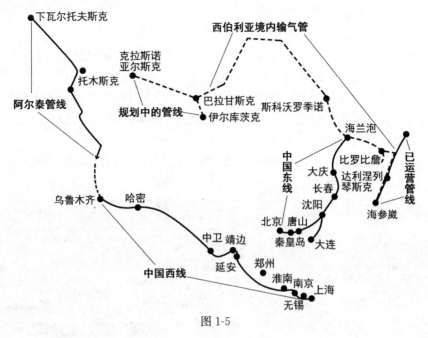

图 1-5

澳大利亚、马来西亚、卡塔尔、印尼及阿曼等国为 LNG 的主要出口国。在深圳大鹏湾已建成专用码头，并于 2006 年 5 月 26 日开始接受从澳大利亚进口的液化天然气。深圳市已经从 2006 年 8 月 12 日开始将管道液化石油气置换为天然气，供用户使用。

福建等沿海地区的 LNG 专用码头也正在建设中，准备接受从印尼等国进口的液化天然气。在国内，目前 LNG 的主要生产地在新疆及中原油田。

还有不少城市将液化石油气加空气来使用，称之为空混气或代天然气。因其燃烧特性类似于天然气，也将其归入天然气一类。

3. 液化石油气

液化石油气的英文名称为 liquefied petroleum gas（常简称为 LPG）。在常温下为气体，但经过加压或冷却后，变成液体，可放在罐内或钢瓶内方便运输和储存。

液化石油气的来源有两种，炼厂气和油田气。

其中炼厂气是炼油厂或石油化工厂加工中的副产品。在加工过程中生成的尾气，经过分离工艺，去掉其中的 C_3 以下和 C_4 以上的烃类，加压液化后即为液化石油气。一般来讲，提炼 1t 原油可产生 3%～5% 的液化石油气。液化石油气的主要成分是 C_3、C_4 的烃类，即丙烷（C_3H_8）、丁烷（C_4H_{10}）、丁烯（C_4H_8）及丙烯（C_3H_6）。炼厂气常因分离不好，而含有少量的、在常温下不

易气化的 C_5 成分（通常称残液）。

液化石油气的另一种来源是油田气。石油开采时的伴生气经分离后产生纯丙烷和纯丁烷的产品，纯丙烷和纯丁烷一般在低温、常压的条件下储存，又称冷冻气。由于冷冻气的大量储存和运输成本低，故我国的进口气中大部分是冷冻气。在大型冷冻气库储存的纯丙烷和纯丁烷，再根据用户的需要进行升温、混合后制成常温高压的液化气。经纯丙烷和纯丁烷调配后的液化石油气，在残液少等多方面较炼厂气有优势。

图 1-6 是城市中的液化石油气运气槽车及储气罐，一般每辆车能拉 20t 左右。图 1-7 是一家液化石油气制气厂的灌气设备。

图 1-6

液化石油气的优点是：供应形式灵活，可以瓶装供应，也可以管道供应。在管道供应方式中，既可以供应纯液化石油气，也可以按一定比例掺混空气供应（提高露点，以适应较寒冷的地区），投资小，见效快。相对人工煤气，它节省了气源投资。如果是瓶装供应，就只有储存和运输投资，其储运投资也比煤制气小得多。如果是管道供应，由于热值比人工煤

图 1-7

气高得多，既可以大大简化城市供气系统，其输配管网的管径也将大大减小。它不含 CO 等有毒成分，其事故类型只有事故燃烧、爆炸和人体窒息，没有中毒危害。因此，液化石油气也是城市燃气中的优质气源之一。

液化石油气的主要缺点是：气体密度大于空气，容易积存到低洼处，加上液化石油气的爆炸极限范围低，容易形成爆炸性混合物，所以爆炸事故率较其他气种高。它的另一个缺点是露点较高，采用管道供应纯液化石油气时压力不能太高，否则冬季可能在管道中重新液化。正因为这一个原因，在寒冷和较寒

冷地区不宜搞纯液化石油气管道供气。

平时我们往往将液化石油气简称为液化气，但要注意，液化石油气仅仅是液化气中的一种。液化气的种类很多，除了液化石油气，其他还有液态氨、液态氧、液态二氧化碳等。

二、燃气的记号

国家标准《城镇燃气分类和基本特性》（GB/T 13611—2018）与 2006 年的《城市燃气分类》标准相比，删除了 6T，增加了液化石油气混空气（12YK），二甲醚（12E）和沼气（6Z）。并说明：3T，4T 为矿井气或混空轻烃燃气，其燃烧特性接近天然气；10T，12T 天然气包括干井气，油田气，煤层气，页岩气，煤制天然气，生物天然气；二甲醚气应仅用作单一气源，不应掺混使用。各种燃气分别用表 1-1 的一些记号来表示。

表 1-1   各类燃气的记号

燃气种类	人工燃气					天然气				液化石油气			液化石油气混空气	二甲醚	沼气
记 号	3R	4R	5R	6R	7R	3T	4T	10T	12T	19Y	22Y	20Y	12YK	12E	6Z

但在以上这些记号的燃气中，常出现的只有 5R、6R、7R、10T、12T 和 20Y 几种。

对于不同的燃气，要使用与之相应的燃气具。对于不同的城市，一般也要使用与当地气种相符合的燃气具。只有液化石油气用的燃气具，可以在全国各地的液化石油气中通用。

在家庭中使用的液化石油气为 20Y，标准气的 20Y 由 75％的丙烷及 25％的丁烷组成。19Y 表示完全由丙烷组成，22Y 表示完全由丁烷组成，一般只在试验时使用。

在我国，曾经或还在使用 5R 人工燃气的主要城市有：上海、青岛、大连、烟台、无锡、苏州、杭州、汉口、长沙、合肥、扬州、南通等；曾经或还在使用 6R 人工燃气的主要城市有：南京、长春、常州、潍坊等；曾经或还在使用 7R 人工燃气的主要城市有：北京、天津、哈尔滨、济南、太原、镇江、贵阳、昆明、石家庄等。但是，随着"西气东输"天然气的开通，以上不少城市的人工燃气都已经或正在逐步置换为 12T 天然气。

使用 10T 代天然气的主要城市有：厦门、中山、宜兴、绍兴、济南、舟山、武昌、宁波、扬州、昆山、连云港、番禺等；使用 12T 天然气的主要城市有：北京、天津、上海、杭州、青岛、郑州、重庆、成都、沈阳、长春、西安、济南、吉林、乌鲁木齐等。由于"西气东输"工程的完成，使用 12T 天然气的城市和地区已越来越多。

目前的情况表明：我国城市燃气气源正在从煤制气为主向天然气为主、液化石油气为辅进行过渡。

三、燃气记号的含义

在每一个燃气记号中，都由一个数字及一个符号组成。其中符号（R、T、Y）表示该燃气的种类，是该燃气种类拼音字母的第一个字母，即：R——人工燃气、T——天然气、Y——液化石油气。而记号中的数字，它反映了被称之为"华白数"的这个参数的大小，华白数要用以下公式进行计算：

$$W_a = Q/\sqrt{\rho}$$

式中　Q——燃气的热值，焦/立方米（J/m³）或千卡/立方米（kcal/m³）

　　　ρ——燃气的相对密度

　　　W_a——华白数，焦/立方米（J/m³）

华白数是反映燃气特性的一个很重要参数，它的含义是热负荷判断指数，由意大利工程师华白首先提出。它表明，对于两种热值、相对密度不同的燃气，在燃气压力相同的前提下，只要它们的华白数相同，则在同一台燃气器具中可得到相同的热负荷。华白数的提出纠正了原来一个不完全的概念，即以为只用燃气的热值就可以判断热负荷的大小。

在我国国家标准（GB/T 13611—2018）中，对各种燃气的华白数范围作了以下规定，如表 1-2 所示。

表 1-2　　　　　　　　　　城镇燃气的类别及特性指标

		高华白数 Ws/（MJ/m³）		高热值 Hs/（MJ/m³）	
		标准	范围	标准	范围
人工煤气	3R	13.92	12.65～14.81	11.1	9.99～12.21
	4R	17.53	16.23～19.03	12.69	11.42～13.96
	5R	21.57	19.81～23.17	15.31	13.78～16.85
	6R	25.7	23.85～27.95	17.06	15.36～18.77
	7R	31.00	28.57～33.12	18.38	16.54～24.21
天然气	3T	13.3	12.42～14.41	12.91	11.62～14.20
	4T	17.16	15.77～18.56	16.41	14.77～18.05
	10T	41.52	39.06～44.84	32.24	31.97～35.46
	12T	50.72	45.66～54.77	37.78	31.97～43.57

续表

		高华白数 Ws/（MJ/m³）		高热值 Hs/（MJ/m³）	
		标准	范围	标准	范围
液化石油气	19Y	76.84	72.86～87.33	95.65	88.52～126.21
	22Y	87.33	72.86～87.33	125.81	88.52～126.21
	20Y	79.59	72.86～87.33	103.19	88.52～126.21
液化石油气混空气	12YK	50.70	45.71～57.29	59.85	53.87～65.84
二甲醚	12E	47.45	46.98～47.45	59.87	59.27～59.87
沼气	6Z	23.14	21.66～25.17	22.22	20.00～24.44

注 1. 燃气类别，以燃气的高华白数按原单位为 kcal/m³ 时的数值，除以 1000 后取整表示。如 12T，
指高华白数约计为 12000kcal/m³ 时的天然气。

注 2. 3T，4T 为矿井气或混空轻烃燃气，其燃烧特性接近天然气。

注 3. 10T，12T 天然气包括干井气，油田气，煤层气，页岩气，煤制天然气。生物天然气

* 二甲醚气应仅用作单一气源，不应掺混使用。

表 1-2 中华白数的计算单位是用 MJ/m³（兆焦［耳］/立方米）来表示的。我们知道，热量的单位也可以用卡或千卡来表示，卡与焦［耳］之间有以下换算关系：

$$1 卡（cal）=4.18 焦［耳］（J）$$

另外，1 千卡（kcal）= 1000 卡（cal）；1 兆焦［耳］（MJ）= 10^6 焦［耳］（J）。

因此，通过换算，我们也可以将表 1-2 中华白数的计算单位用千卡/立方米（kcal/m³）来表示。

表 1-3 就是用千卡/立方米（kcal/m³）表示的各气种的（标准）华白数。

表 1-3　　　　　　　用千卡/立方米（kcal/m³）表示的华白数

类　别		（标准）高华白数 W_a/（kcal/m³）
人工煤气	3R	3330
	4R	4194
	5R	5160
	6R	6148
	7R	7416
天然气	3T	3182
	4T	4105
	10T	9933
	12T	12134
液化石油气	19Y	18383
	22Y	20892
	20Y	19041

续表

类 别		（标准）高华白数 W_a/（kcal/m^3）
液化石油气混空气	12YK	12129
二甲醚	12E	11352
沼气	6Z	5536

从表 1-3 可知，燃气记号（种类名）前部的数字与该种燃气用 kcal/m^3 表示的华白数之间有一定关系。在要求不是十分准确的前提下，为便于记忆，可将记号中的数字乘以 1000，就得到该种燃气华白数的大致数值。如：6R 的人工煤气，华白数为 6×1000＝6000（kcal/m^3）；12T 的天然气，华白数为 12×1000＝12000（kcal/m^3）。反过来也一样，如果知道燃气的热值和相对密度，可以按前面公式先计算出华白数，再除以 1000，则可大致知道它属于哪种燃气。

第二节　燃气的一些特性

一、燃烧及燃烧三要素

燃烧是一种放热发光的化学反应。燃气的主要成分是碳氢化合物，燃烧时，碳氢化合物经氧气（O$_2$）氧化，产生二氧化碳（CO$_2$）和水（H$_2$O），同时产生大量热量，也发出了光。在燃气具中，我们希望得到的是热量，用它来炒菜、煮饭、烧开水或烧洗澡水。以液化石油气的主要成分丙烷（C$_3$H$_8$）为例，它燃烧时的化学方程式为：

$$C_3H_8 + 5O_2 = 3CO_2\uparrow + 4H_2O\uparrow + 热量 + 光$$

由此可知，燃烧需要具备以下三个必要条件：

①燃烧物——在这里讨论的是燃气；

②氧气——即指空气；

③点火源——让可燃物达到着火温度以上。

其中点火源可以是火柴或打火机的火焰，也可以是压电晶体或高压脉冲发生器产生的电火花。一般产生电火花时的电压在 10000V 或以上。

燃烧（包括爆炸）的必要且充分条件是可燃或易燃物质、空气和火源三个条件同时存在，缺少任何一个条件都不可能发生燃烧或爆炸。这三个条件被称为燃烧的三要素。

燃气具的设计者和生产者的任务，就是要在燃气具上创造这三个条件，并使燃烧这个化学反应进行得尽可能完善。同样，如果要避免发生火灾或爆炸，就应该切断这三个条件。从理论上讲，只要能够做到去掉三要素中的任何一个要素就可以达到目的，但在大多数情况下要想隔绝空气是不可能的，所以避免发生火灾和爆炸的最根本的措施应是彻底避免燃气的泄漏。同时，由于燃气爆炸所需要的点火能量很低，这时任何电器开关的开或关、电器插座的插或拔、化纤或毛料衣服摩擦所产生的静电以及金属器具的撞击等产生的火花，在燃气泄漏的情况下，都有可能引起爆炸。因此发生燃气泄漏时，在用户家中一定要避免产生任何火源。

二、燃气的发热量、高热值和低热值

气体燃料一个标准立方米（$1Nm^3$），固体及液体燃料1千克（1kg），完全燃烧时所产生的热量叫做燃料的发热量。发热量的单位用千卡/立方米（kcal/m^3）或千卡/千克（kcal/kg）来表示。

注：一个标准立方米表示当温度为0℃，压力为一个标准大气压时的一个立方米。在标准大气压的情况下，质量为1g的纯水，温度上升1℃时所需要的热量为1cal，1cal的1000倍叫1kcal。（1cal实际上是14.5℃的1g纯水加热到15.5℃时所需要的热量。）

在国家标准中，热值单位采用MJ/m^3。根据1卡（cal）= 4.18焦［耳］（J）的关系，可以进行换算。根据国家标准，将城镇燃气（试验气中的基准气）的热值列成表1-4。为方便今后查阅，将MJ/m^3和kcal/m^3两种单位表示的热值都列在该表中。

表 1-4 城镇燃气的相对密度和热值（其中 H_i 为低位热值，H_s 为高位热值）

	相对密度	热值/（MJ/m^3）		热值/（kcal/m^3）	
	d	H_i	H_s	H_i	H_s
3R	0.474	8.16	9.44	1952	2258
4R	0.368	9.29	10.78	2222	2579
5R	0.404	11.98	13.71	2866	3280
6R	0.356	13.41	15.33	3208	3667
7R	0.317	15.31	17.46	3663	4177
3T	0.855	11.06	12.28	2646	2938
4T	0.818	13.95	15.49	3337	3706
10T	0.613	29.25	32.49	6997	7773
12T	0.555	34.02	37.78	8139	9038
19Y	1.550	88.00	95.65	21052	22882
22Y	2.079	116.48	126.21	27866	30193
20Y	1.682	95.12	103.29	22756	24710
12YK	1.393	55.11	59.88	13184	14325
12E	1.592	55.46	59.87	13628	14323
6Z	0.749	18.03	20.02	4313	4789

在日常工作中，我们可这样来理解燃气的高热值和低热值：燃气燃烧时放出热量的同时，也会产生水蒸气，水蒸气也会带有一定的热量，称之为潜热。燃气燃烧所产生的发热量中，如包括水蒸气所带的潜热在内，则称之为高热值；如不包括水蒸气所带的潜热，则称之为低热值。

由于水蒸气要带走一定的热量，因此燃气具的热效率不可能太高，如燃气热水器的热效率一般也只能做到80%。水蒸气潜热这部分能量一般情况下不利用。这是因为如果将水蒸气（烟气）的温度降低，将会产生冷凝水，在严寒的冬季会造成排烟道结冰堵塞。同时冷凝水有强酸性，将会污染甚至腐蚀有关设备及环境。正因为如此，国家标准规定，燃气热水器的排烟温度应为110～260℃，要将水蒸气排走。但正如后面将介绍的，如果能够处理好冷凝水的问题，就可充分利用水蒸气的潜热。

三、燃气的相对密度

燃气的相对密度是指燃气的密度和空气密度的比值，通常空气的密度按1计算。主要燃气的相对密度如表1-4所示。

气态液化石油气的相对密度大于1，比空气重，如果发生泄漏时，会往低处集聚，一般不大容易散发掉［图1-8（a）］。人工燃气及天然气的相对密度小于1，比空气轻，如果发生泄漏时，会跑往空间的上部，也容易散发掉［图1-8（b）］。所以平时更担心液化石油气的泄漏。

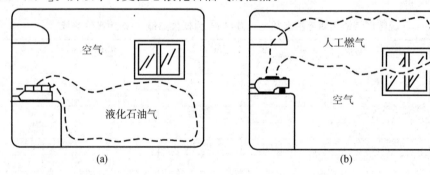

图 1-8

四、燃气燃烧时所需要的空气量

仍以丙烷（C_3H_8）燃烧时的化学方程式为例：

$$C_3H_8+5O_2=3CO_2\uparrow+4H_2O\uparrow+热量+光$$

从该化学方程式可以看出，燃烧时需要大量的氧气（O_2）。氧气是从空气中来的，而空气中氧气的含量正常情况下大约为21％。为了得到足够的氧气，必须供给大量的空气。通常，气体燃料每发热1000kcal（4.18MJ），理论上需要0.9～1m³的空气。但实际上为使燃气完全燃烧，还需增加20％～40％的过剩空气。因此每发热1000kcal（4.18MJ），为保证燃气完全燃烧，需要1.1～1.3m³的空气。1m³的燃气完全燃烧时所需要的最少空气量叫理论空气量，主要燃气的理论空气量如表1-5所示。（人工燃气和天然气种类很多，数据会有很大差异。）

表1-5　燃气的理论空气量（其中液化石油气分别由丙烷和丁烷来代表）

燃气	1m³ 人工燃气	1m³ 天然气	1m³ 丙烷	1m³ 丁烷
空气量/m³	5	9	24	31

由上表可知，燃烧时液化石油气所需要的空气量最多。为方便起见，可这样来进行记忆：燃烧同样体积的液化石油气、天然气和人工燃气，液化石油气所需要的空气量大约为天然气的3倍，为人工燃气的6倍。因此，使用燃气具时要保证室内有足够的新鲜空气。

五、燃气的供给压力

为保证用户能够正常使用燃气具，必须按规定供给一定压力的燃气。管道气（包括人工燃气、天然气及部分液化石油气）是由燃气生产供应部门通过压力调整来供给，瓶装液化石油气则是通过安装在钢瓶出口处的减压阀来调整供给压力。

按照国家标准的规定，三种不同燃气的供给压力如表1-6所示。

表1-6　　　　　　　　　　额定供气压力　　　　　　　　（单位：Pa）

燃气类别	代　号	额定供气压力
人工燃气	5R、6R、7R	1000
天然气	4T、6T	1000
	10T、12T、13T	2000
液化石油气	19Y、20Y、22Y	2800

表1-6中压力单位用的是帕（Pa），日常生活中也经常用到毫米水柱（mmH_2O）这个压力单位。它们之间的换算关系是：

$$1mmH_2O＝9.806Pa≈10Pa$$

另外，1千帕（kPa）＝1000帕（Pa）；1兆帕（MPa）＝10^3千帕（kPa）。

因此，表 1-6 中供气压力有时也相应写成 100、200 和 280 毫米水柱（mmH$_2$O）。

生产厂家制造燃气具时，以及有关质量监测部门检测燃气具的质量指标时，还要使用"试验用燃气压力"。试验用燃气压力在国家标准中有如表 1-7 所示的规定。

表 1-7　　　　　　　　　家用燃气燃烧器具的试验用燃气压力　　　　　（单位：kPa）

类别		额定压力	最小压力	最大压力
人工煤气 R	3R	1.0	0.5	1.5
	4R	1.0	0.5	1.5
	5R	1.0	0.5	1.5
	6R	1.0	0.5	1.5
	7R	1.0	0.5	1.5
天然气 T	3T	1.0	0.5	1.5
	4T	1.0	0.5	1.5
	10T	2.0	1.0	3.0
	12T	2.0	1.0	3.0
液化石油气 Y	19Y	2.8	2.0	3.3
	22Y	2.8	2.0	3.3
	20Y	2.8	2.0	3.3
液化石油气混空气 YK	12YK	2.0	1.0	3.0
二甲醚 EE	12E	2.0	1.0	3.0
沼气 Z	6Z	1.6	0.8	2.4

在各用户家中，燃气压力难免会有些上下波动，在一定范围内，燃气具也应该能够工作，但这时有的指标可能达不到要求。

要说明的一点是，这里所谈论的燃气压力都是指"动压"，所谓"动压"是指燃气具工作在燃烧状态时的燃气压力。在燃气具中一般不讨论非燃烧状态下的燃气压——静压。设计和生产用的技术文件中，以及维修手册中，标明的都是动压。

测量燃气压的方法是采用 U 形表或数字式压力表（参见后面的测量工具）。

六、燃烧速度

燃气的燃烧速度又称火焰传播速度。它指的是由点火源点火开始，单位时间内火焰传播的距离。

燃烧速度大的燃气容易燃烧，完全燃烧所需要的一次空气少，但在燃烧器中容易发生回火。燃烧速度小的燃气完全燃烧时所需要的一次空气较多，但在燃烧器中容易发生离焰。

燃气的燃烧速度与燃气浓度、温度和压力等因素有关。

在有关标准及资料中，还有燃烧势的名称。燃烧势是指燃烧速度指数，它与燃气中氢气、一氧化碳、甲烷、其他碳氢化合物及氧的含量有关，也与燃气的相对密度有关，可参见下面的公式。

燃烧势 C_P：燃烧速度指数。C_P 按以下公式计算：

$$C_P = k \times \frac{1.0 V_{H_2} + 0.6 \left(V_{C_m H_n} + V_{CO} \right) + 0.3 V_{CH_4}}{\sqrt{\rho}}$$

$$k = 1 + 0.0054 V_{O_2}^2$$

式中　C_P——燃烧势

　　　V_{H_2}——燃气中氢含量，%（体积）

　　　$V_{C_m H_n}$——燃气中除甲烷以外的碳氢化合物含量，%（体积）

　　　V_{CO}——燃气中一氧化碳含量，%（体积）

　　　V_{CH_4}——燃气中甲烷含量，%（体积）

　　　ρ——燃气相对密度（空气相对密度为1）

　　　k——燃气中氧含量修正系数

　　　V_{O_2}——燃气中氧含量，%（体积）

七、燃气与空气的混合比例

后面章节将说明，现在的燃具一般都采用大气式（即本生式）的燃烧方式，即在将燃气点燃之前，要让燃气与空气按一定比例预先进行混合。试验证明，燃气与空气的混合比例过淡或过浓，超过某一界限时，都不能燃烧。浓度过低时，氧化反应产生的热量不足以补充散热损失而不能将混合气体加热到着火温度，燃烧不能继续。浓度超过某极限时，由于空气不足造成缺氧，燃烧也会停止。能够产生燃烧的燃气与空气混合比例的界限就叫燃烧界限，这个界限一般用空气中的燃气百分数来表示。燃气的最高浓度叫上限，最低浓度叫下限。各种燃气与空气的混合比例及上下限可参照表1-8。当然，表中给出的是一个大致的范围。

此外，后面将提到爆炸极限的问题。由于气体燃料的燃烧和爆炸就其化学反应而言是没有区别的，因此，各种燃气与空气的混合比例与该燃气的爆炸极限大体上有对应关系。

表 1-8　　各种燃气与空气的混合比例（其中人工燃气以 6R 为例）

成分	燃气的百分数 / %				下限 / %	上限 / %
	20	40	60	80		
丙烷					2.2	9.5
丁烷					1.9	8.5
天然气(甲烷)					5.3	15.0
人工燃气					5.0	36.0
一氧化碳					12.5	74.0
氢					4.0	75.0
乙炔					2.5	80.0

八、着火温度

着火过程是可燃混合物的氧化反应能够自己加速、自己升温达到反应速度剧增，并伴随出现火光的过程，是由稳定状态变到不稳定状态的过程。将可燃物质在空气中慢慢加热，当达到某一温度以上，可燃物会开始自然燃烧，这个最低温度就叫着火温度。一些燃料在空气中的着火温度如表 1-9 所示，家用燃气的着火温度约在 $500 \sim 600℃$。

表 1-9　　　　　　一些燃料在空气中的最低着火温度　　　　　　单位：℃

燃料种类	着火温度	燃料种类	着火温度
天然气	530	烟煤	200
液化石油气	490	无烟煤	700
炼焦煤气	500	焦炭	700
发生炉煤气	640	泥炭	225
汽油	410	褐煤	250
煤油	270	木柴	295
原油	360	木炭	300

九、液化石油气的一些特性

1. 液化

液化石油气的主要成分是丙烷和丁烷。当把丙烷加压至 $8.4kgf/cm^2$（0.84MPa）以上（20℃时），丁烷加压至 $2.1kgf/cm^2$（0.21MPa）以上（20℃时），可将其液化。液化后，其容积与气体时相比变小很多，如丙烷可变小到原来的 $1/250 \sim 1/270$。装入储罐或钢瓶，储存和运输就非常方便。

2. 汽化

水在一个大气压的情况下，100℃沸腾，变成水蒸气。液态的燃气也与水相同，达到一定的温度也会从液态变成气态。这种由液态变成气态的现象叫汽化，此时的温度叫汽化点。表1-10列举了一些燃气的汽化点。

表 1-10　　　　　　　　　一些燃气的汽化点　　　　　　　　　单位：℃

名称	汽化点	名称	汽化点
氢	−252.7	乙烯	−103.1
一氧化碳	−191.5	丙烷	−42.1
碳酸燃气	−78.5	丙烯	−47.7
甲烷	−161.5	n-丁烷	−0.50
乙烷	−88.6	i-丁烷	−11.73

这些燃气的汽化点都在0℃以下，因此在日常温度下都呈气态。

丙烷的汽化点为−42.1℃，丁烷的汽化点从−0.5℃至−11.7℃。所以在一般常温下，钢瓶中的液化石油气也很容易汽化变成气态。但由于其中的丁烷成分在0℃以下时不容易汽化，因此，在寒冷地区及严寒季节，液化石油气的挥发就会受到很大影响，那时会感到供气不足。

3. 液化石油气钢瓶大小的影响

使用瓶装液化石油气时，即使是在相同条件下（气温、使用燃气时间、容器内的剩余液化气量等相同），由于容器大小的不同，从容器内出来的蒸发量（kg/h）也会不同。因此要根据需要液化石油气量（kg/h）的多少，来考虑容器（钢瓶）的大小。如果选用的容器（钢瓶）的蒸发量比需要的液化石油气的量少，则会因供气不足，燃气具不能正常工作。

表1-11～表1-13为日本统计的数据，当环境温度分别为−5℃、0℃及5℃，钢瓶内剩余液化气为30％时，10kg钢瓶、20kg钢瓶及50kg钢瓶的蒸发能力（kg/h）。

表 1-11　　　　　　　　　　10kg 钢瓶的蒸发能力

液化石油气的规格	使用情况	一只钢瓶的蒸发能力/（kg/h）		
		−5℃	0℃	5℃
1 号	连续使用 1h	0.40	0.55	0.70
	连续使用 1.5h	0.30	0.40	0.55
	长时间连续使用	0.20	0.30	0.35
2 号	连续使用 1h	0.15	0.25	0.40
	连续使用 1.5h	0.10	0.20	0.30
	长时间连续使用	0.05	0.15	0.20

表 1-12　　　　　　　　　　20kg 钢瓶的蒸发能力

液化石油气的规格	使用情况	一只钢瓶的蒸发能力/（kg/h）		
		−5℃	0℃	5℃
1 号	连续使用 1h	0.80	1.05	1.35
	连续使用 1.5h	0.60	0.80	1.00
	长时间连续使用	0.35	0.45	0.60
2 号	连续使用 1h	0.25	0.50	0.75
	连续使用 1.5h	0.20	0.35	0.55
	长时间连续使用	0.10	0.25	0.35

表 1-13　　　　　　　　　　50kg 钢瓶的蒸发能力

液化石油气的规格	使用情况	一只钢瓶的蒸发能力（kg/h）		
		−5℃	0℃	5℃
1 号	连续使用 1h	1.85	2.50	3.20
	连续使用 1.5h	1.35	1.85	2.35
	长时间连续使用	0.70	0.95	1.20
2 号	连续使用 1h	0.50	1.15	1.70
	连续使用 1.5h	0.35	0.85	1.25
	长时间连续使用	0.70	0.45	0.75

　　表 1-11～表 1-13 中 1 号是家庭常用的以丙烷为主要成分的液化石油气；2 号加入的丁烷成分较多，常在工厂中使用。

　　我国家庭中使用的钢瓶基本上都是 15kg 钢瓶。因为没有数据，只能参考以上 10kg 钢瓶和 20kg 钢瓶的数据。暂且取中间值列表如下（表 1-14），以供大家参考。

表 1-14　　　　　　　　　　　　　　15kg 钢瓶的蒸发能力

液化石油气的规格	使用情况	一只钢瓶的蒸发能力/（kg/h）		
		−5℃	0℃	5℃
1 号	连续使用 1h	0.60	0.80	1.03
	连续使用 1.5h	0.45	0.60	0.78
	长时间连续使用	0.28	0.38	0.48
2 号	连续使用 1h	0.20	0.38	0.58
	连续使用 1.5h	0.15	0.28	0.43
	长时间连续使用	0.08	0.20	0.28

表 1-14 可以看出：冬天使用 15kg 钢瓶时，如果环境温度只有 5℃，在连续使用 1h 的情况下，钢瓶每小时最多只能提供 1kg 的液化石油气。而容量稍微大一些的热水器（如 10 升机），在开足燃气的情况下（冬天肯定要开足），每小时需要的燃气量都超过 1kg。因此这时供气不足，会感到水不够热。

在我国，10kg 钢瓶、15kg 钢瓶及 50kg 钢瓶的型号分别为 YSP-10、YSP-15 及 YSP-50。

4. 爆炸极限

燃气与空气混合后，能够使混合物发生爆炸的最小和最大燃气浓度称为该种燃气的爆炸极限。能够使混合物发生爆炸的最小燃气浓度称为该种燃气的爆炸下限，能够使混合物发生爆炸的最大燃气浓度称为该种燃气的爆炸上限。爆炸上限和下限之间的燃气浓度范围成为该种燃气的爆炸范围（图 1-9）。燃气浓度达不到爆炸下限或超过爆炸上限，遇到明火也不会发生爆炸。

图 1-9

液化石油气的爆炸极限大约为 1.5%～9.5%，爆炸极限下限很低。同时因为它往往集聚在低处，不大容易散发，因此它有强烈的爆炸性。天然气的爆炸极限大约为 5%～15%，煤制气的爆炸极限大约为 4.5%～40%（由于各地燃气的成分不同，爆炸极限会有差别）。

气体燃料的燃烧和爆炸就其化学反应而言是没有区别的，只是反应条件有所不同。燃烧的条件是在燃气一旦开始供应（或逸出）就立即点燃，在不间断供应燃气条件下的氧化反应过程。爆炸则是在燃气事先与空气混合到一定的比例，一旦遇到火源，在极短的时间内完成全部反应，同时释放大量的热能，从而引起巨大的冲击波和爆炸声。

5. 溶解性

液化石油气有溶解天然橡胶和油脂类物质的性质，因此在选定供气管和密封件时必须留意，用户家用的供气管一定要使用液化石油气专用的橡胶管。

6. 液化石油气的饱和蒸汽压

物质在一定的温度下，气液两相共存，形成饱和状态，这时的压力称为该物质在此温度下的饱和蒸汽压。在瓶装液化石油气的钢瓶中，就存在这种气液两相共存的饱和状态（图 1-10）。

气态

液态

图 1-10

饱和蒸汽压与环境温度有关，环境温度高，压力也高。其次，它也与气体成分有关，一般丙烷含量高时，该压力也高。通常，钢瓶内液化石油气白天的压力可达到 0.6MPa（即 6kgf/cm²）左右，早晚则在 0.5MPa（即 5kgf/cm²）左右。如果人为地将钢瓶升温至 50℃，钢瓶内的压力可猛增到 1.8MPa（即 18kgf/cm²）左右，再继续升高，钢瓶有爆炸的危险。

因此，冬天使用时，严格禁止用火烤或用开水烫等方法对钢瓶进行加热。

对于用管道输送的液化石油气，要求管道内的压力必须在任何环境温度下都要低于饱和蒸汽压，否则将出现部分液化现象，严重时，可能堵塞管道，甚至中断供气。如深圳市使用的管道输送的液化石油气，那里管道中的中压压力定为 70kPa（即 0.7kgf/cm²）。正因为如此，在北方地区一般不采用管道输送液化石油气。

还应注意到一点，由于在液化石油气的钢瓶中气液两态共存，因此谈到液化石油气的比重（相对密度）时，往往就有气态比重（相对密度）和液态比重（相对密度）两个概念。气态比重（相对密度）是指气态的液化石油气与空气相比时的比重（相对密度），它大于1；而液态比重（相对密度）是指液态的液化石油气与水相比时的比重（相对密度），它小于1。

7. 液化石油气钢瓶减压阀

瓶装液化石油气一定要使用减压阀。液化石油气钢瓶减压阀有双重作用，一方面能够减压，将钢瓶内几公斤的压力降低到 280mmH₂O（2.8kPa）后输出；同时它又是稳压器，不管钢瓶输出压力如何变动，通过减压阀后压力都应该稳定在 280mmH₂O（2.8kPa）。

图 1-11（a）是钢瓶减压阀的外观图，图 1-11（b）是钢瓶减压阀的稳压原理图。减压阀的稳压原理大致如下：

(a)

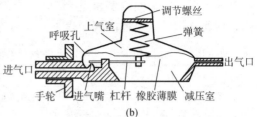
(b)

图 1-11

如果将钢瓶上的气阀打开，但燃气具未开，这时液化石油气从钢瓶出来，通过进气嘴进入减压室内。进入的液化气增多，压力增加，将橡胶薄膜往上顶。因杠杆的右端与橡胶薄膜连在一起，杠杆右端也往上移动，则杠杆左端就往下移动，最后将进气嘴堵塞，液化气停止进入。在上气室的左侧开有一很小的呼吸孔，以利于橡胶薄膜的上下动作。

打开燃气具后，液化气从减压阀流出，减压室内的压力下降，则橡胶薄膜在弹簧的作用下往下动作。同时，杠杆左端就往上移动，液化气通过进气嘴进入减压室内，减压室内的压力不断增加。增加到一定程度时，橡胶薄膜又会往上移动，最后的结果是将出气口的压力维持在一定的数值不变。

当进气口处的压力由于某种原因升高时，出气口的压力也将升高。但此时由于橡胶薄膜往上，杠杆左端往下，使通过进气嘴进入的液化气减少，出气口的压力也下降，最后的结果是出气口的压力维持不变。

相反，当进气口处的压力由于某种原因下降时，减压室内的压力也下降，橡胶薄膜往下动作，杠杆左端就往上移动，使通过进气嘴进入的液化气增加，出气口的压力也增加，最后的结果也是使出气口的压力维持不变。

减压阀的另外一个重要作用是防止回火。一旦有回火发生，减压阀可阻止火焰蹿入钢瓶。

要注意减压阀和钢瓶角阀（图 1-12）是以反扣连接的。连接减压阀时先要对正，然后按反时针方向旋转手轮，拧紧到不漏气为止。但也不能用力太猛，那样容易将密封圈拧坏，反而造成漏气。

更换钢瓶卸下减压阀时，要特别注意将密封圈留在减压阀上，不要让密封圈随钢瓶带走。

图 1-12

十、三种燃气的比较

人工燃气、天然气和液化石油气这三种燃气的来源、成分和特性等都不同，现将它们的主要性能列于表1-15，可进行比较。

表 1-15　　　　　　　　　三种燃气的比较

	人工燃气	天然气	液化石油气
原料来源	煤为主，少数石油	石油伴生气和干气田气	油田气和炼厂气
主要成分	氢气、一氧化碳等	甲烷	丙烷、丁烷等
输送方式	管道	管道	钢瓶，少数管道
密度	比空气轻	比空气轻	比空气重
需要空气量	与液化石油气相比少	与液化石油气相比少	多
溶解性	不溶解	不溶解	会溶解天然橡胶及某些石油制品
毒性	含有一氧化碳会中毒	本身无一氧化碳中毒	本身无一氧化碳中毒
对环境的污染	严重	最小	小

第三节　燃气器具基础知识

一、燃气的燃烧方式

使燃气燃烧的装置叫燃气燃烧器。灶具的燃烧器一般由炉头及火盖等组成，而燃气热水器，一般都采用缝隙式燃烧器。在燃气具维修行业中，也常常将燃气热水器的燃烧器叫做火排。

家庭用的燃烧器几乎都是低压燃烧器（压力在5kPa以下），高压燃烧器则在工业中使用。在低压燃烧器中，根据燃气与空气混合的地点以及混合时空气所占的比例情况，常常将燃气的燃烧方式分为四类，即：

①扩散式——燃气直接在大气中燃烧。

②本生式（大气式）——燃气与一定比例的空气混合后再在大气中燃烧。

③半本生式——介于扩散式与本生式之间的燃烧。

④完全预混式——全部依靠一次空气进行燃烧。

（一）四种燃烧方式

1. 扩散式

扩散式燃烧方式的示意图如图1-13（a）所示，燃气全部靠二次空气燃烧。火焰的颜色为黄中带红，火焰高，火焰的最高温度约900℃。扩散式燃烧方式一般用作低热量燃气具或点火器等。

其实，大家常用的打火机也是采用扩散式燃烧方式。打火机里装的是液化气，全靠二次空气燃烧，因此它的火焰是黄色的，如图1-13（b）所示。

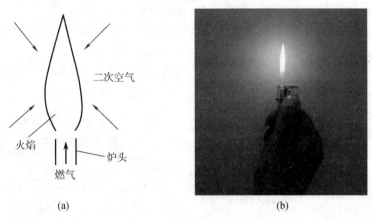

(a)   (b)

图 1-13

2. 本生式（大气式）

本生式燃烧方式如图1-14所示。燃气燃烧时所需要的空气大部分（60%～70%）为一次空气，不够的部分由二次空气来补充。在这里，"一次空气"是指还未点火燃烧前已与燃气混合的空气，"二次空气"是指点火燃烧后再加入进来的空气。

本生式燃烧方式是19世纪中期德国化学家本生（F. Bunsen）发明而命名，他第一个将预混原理应用于气体燃烧。

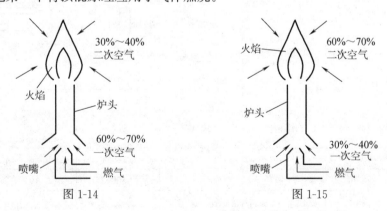

图 1-14   图 1-15

本生式火焰的颜色为蓝色，火焰的高度短，火焰的最高温度约1300℃。

本生式燃烧方式因为其温度高，因此广泛用于煤气灶、热水器及一般的燃气具。

3. 半本生式

半本生式燃烧方式如图 1-15 所示。燃气燃烧时所需要的空气大部分（60%～70%）为二次空气，少部分为一次空气。

半本生式火焰的颜色也为蓝色，火焰的高度介于扩散式与本生式之间。火焰的最高温度约 1000℃。

半本生式燃烧方式一般作为燃烧器，使其在大的燃烧室中、高温下燃烧使用。

4. 完全预混式

完全预混式燃烧方式如图 1-16 所示。燃气燃烧时所需要的空气全部（100%）为一次空气。

火焰的颜色为蓝色，但燃烧器表面为红色。火焰在燃烧器表面燃烧，最高温度约 950℃。

完全预混式燃烧方式一般用于煤气炉、煤气灶的烤箱等。

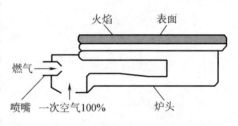

图 1-16

（二）四种燃烧方式的对比归纳

将以上四种燃烧方式的火焰情况及用途等对比归纳后，列于表 1-16。

表 1-16 　　　　　　　　四种燃烧方式的对比归纳

		扩散式	本生式	半本生式	完全预混式
火焰形状					
燃烧所需空气	一次空气		60%～70%	30%～40%	100%
	二次空气	100%	40%～30%	70%～60%	
火焰颜色		黄中带红	蓝色	蓝色	蓝色 燃烧器表面红色
火焰高度		高	短	比较高	燃烧器表面燃烧
火焰最高温度		约 900℃	约 1300℃	约 1000℃	约 950℃
用途		点火器、低热量燃气具等	煤气灶、热水器、一般燃气具	在大的燃烧室、高温中燃烧使用	煤气炉、煤气灶的烤箱

（三）关于浓淡燃烧方式

在 1300℃ 左右的高温下，空气及燃气中的氮（N_2）会与氧（O_2）作用而产生氮氧化物（NO_x），主要是一氧化氮和二氧化氮。将它排放到大气中，将对环境产生严重污染，是产生酸雨的主要原因之一，因此必须尽量降低燃气具烟气中氮氧化物的含量。

我国将燃气热水器排放的烟气中氮氧化合物含量分为五个等级，如表 1-17 所示。

表 1-17 氮氧化合物排放等级

等级	氮氧化合物极限浓度/%		
	人工燃气	天然气	液化石油气
1	0.015	0.015	0.018
2	0.012	0.012	0.015
3	0.009	0.009	0.011
4	0.006	0.006	0.007
5	0.004	0.004	0.005

到目前为止，虽然国家还未对热水器应该达到几级标准做出具体规定，但因国际上已经早有规定，我国应该也是早晚的事情。因此各生产厂家应该对这个问题重视起来，采取相应措施，尽早做些准备。

降低氮氧化合物含量的方法是降低燃气的燃烧温度，但同时又必须兼顾到燃气热水器的产热水能力。一个方法就是采用"浓淡燃烧"的方式。

"浓淡燃烧"的方式就是在热水器的燃烧器组件中采用两组不同的燃烧器。一组为"浓"燃烧器，火焰温度高，氮氧化合物含量也高。另一组为"淡"燃烧器，火焰温度比较低，但氮氧化合物含量也低。两者组合成一个复合燃烧器，使温度及氮氧化合物含量都能达到要求。图 1-17（a）是浓淡组合燃烧的示意图，图 1-17（b）是一个实物的局部照片。

（四）火焰的结构

图 1-18 是火焰结构的示意图，它由内焰、外焰以及其外围看不见的高温区构成。

首先，一次空气中的氧与燃气中的可燃成分进行反应形成内焰，通常称为第一燃烧区。如果二次空气以及其他条件都能满足，则在内焰之外继续燃烧形成外焰，并生成二氧化碳和水蒸气，这个区为第二燃烧区，同时高温烟气在外焰的外侧形成高温烟气区。正常燃烧时，火焰呈浅蓝色。火焰的最高温度位于

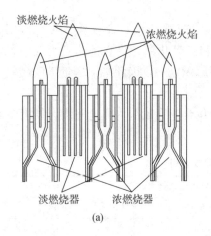

淡燃烧火焰　　　浓燃烧火焰

淡燃烧器　　浓燃烧器

(a)

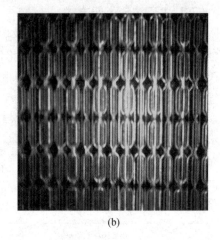

(b)

图 1-17

内焰顶部外到外焰顶部这个区间内。

（五）引射式预混燃烧器的燃烧原理

引射式预混燃烧器又称大气式燃烧器，它由头部和引射器两部分组成（大气式燃烧方式又叫本生式燃烧方式）。其工作过程如下：燃气在一定的压力下以一定的速度从喷嘴喷出，并依靠燃气的引射作用从一次空气口吸入一次空气；在引射器内燃气与一次空气均匀混合，然后经排列在头部的火孔流出并被点火火花点燃，再与外部空气（称为二次空气）进行第二次混合，进行正常燃烧。图 1-19 是一个燃气燃烧器的示意图。

有时也将喉部的一段称为喉管，它可使混合气体在管内的速度、浓度和温度变得均匀。

要注意到的一点是：为了使燃烧器能稳定进行燃烧，一定要让燃烧器头部各火孔处混合气体的压力基本相等。这不仅仅是设计的问题，与维修工作也有关。

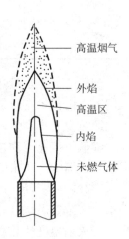

高温烟气

外焰

高温区

内焰

未燃气体

图 1-18

二、燃烧中的一些不正常现象

从燃烧器焰口（火孔）喷出的燃气，当它的喷出速度和燃烧速度平衡时，是正常燃烧状态。用公式来表示就是：

$$燃气喷出速度 = 燃气燃烧速度$$

这时火焰紧挨着焰口处燃烧，且呈蓝色（图 1-20）。

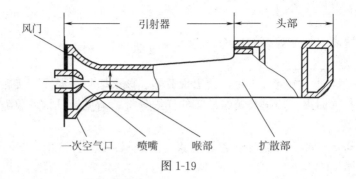

风门　引射器　头部

一次空气口　喷嘴　喉部　扩散部

图 1-19

若这两个速度由于某种原因失去平衡时（即一方增加或另一方变小），就会出现回火或离焰这些不正常现象。

（一）回火、离焰、脱火、黄焰及爆燃

1. 回火

回火是火焰在燃烧器内部燃烧的现象，它是因为燃气的燃烧速度快于燃气的喷出速度所造成（图 1-21）。

2. 离焰

离焰是火焰从燃烧器火孔全部或部分离开的现象（在灶具的国家标准中规定1/3以上火焰根部脱离火孔），它是因为燃气的喷出速度快于燃气的燃烧速度所造成（图 1-22）。

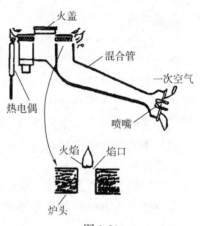

火盖　混合管　一次空气　喷嘴

火焰　焰口　炉头

图 1-20

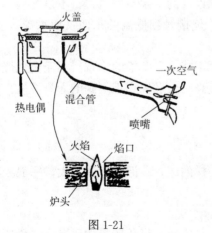

火盖　一次空气　混合管　喷嘴

火焰　焰口　炉头

图 1-21

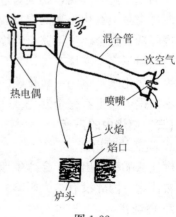

混合管　一次空气　喷嘴　热电偶

火焰　焰口　炉头

图 1-22

3. 脱火

火焰脱离火孔并熄灭的现象。

4. 黄焰

如果燃烧时一次空气不足，会出现黄焰。该火焰与低温冷面接触时还会产生黑烟。有关回火、离焰及黄焰故障的详细分析，请见灶具常见故障及分析。

5. 爆燃

燃气与空气混合后的急剧燃烧现象。燃烧噪声超过 85dB，此时燃烧火焰大都溢出燃烧室。

（二）不完全燃烧

前面已经提到，燃烧是一种放热的化学反应，一般是碳氢化合物与氧作用产生二氧化碳和水蒸气。以天然气的主要成分甲烷（CH_4）为例，它燃烧时的化学方程式为：

$$CH_4 + 2O_2 = CO_2 \uparrow + 2H_2O \uparrow + 热量 + 光$$

在这一反应中，如燃气（这里为甲烷）与空气（氧）能够有效混合并燃烧，会达到完全燃烧。但如果室内换气不好，或因进到燃烧器中的空气不足，或因燃气与空气在燃烧器内未能有效混合，这个反应就可能进行不到最后，而是在反应途中产生中间生成物（一氧化碳等）。这种状态就是不完全燃烧。

发生不完全燃烧的具体原因有：

①室内换气不好，氧气不足。

②风门调节不合适，使一次空气不足。

③燃烧器内有蜘蛛等，或因燃烧器质量不好而发生表皮脱落等，使燃气与空气混合不充分。

④燃气压力异常高，燃气量过大，原设计的一次空气量显得不足。

⑤燃烧必须有相当高的温度，但如火焰接触到低温的东西（如水等），火焰温度降低，也会产生不完全燃烧。

黄焰与不完全燃烧有密切关系，因此不能小看黄焰的出现。不完全燃烧时会产生一氧化碳，室内一氧化碳的浓度过高时会发生意想不到的人身事故。因此，必须避免发生不完全燃烧。

（三）燃烧中的声音

1. 喷嘴的喷出音

燃气从喷嘴喷出时，会产生像风啸一样的声音。但因声音不大，一般人都不会去注意，因此没有多大影响。

2. 燃烧音

这是燃气中燃烧速度比较快的成分，如氢及一氧化碳等物质燃烧时所造成的声音。将一次空气减少，燃烧音会变小。但一次空气减少过多将会产生不完全燃烧，因此要适可而止。

3. 灭火音

关掉燃气阀后，燃气的喷出速度马上减为零。火焰在这一瞬间将进入燃烧器内并发出"嘭"的一声，然后熄灭。

（四）燃气的燃烧特性

对于以上所述的各种现象，如果从燃气的流量及一次空气量两方面来综合考虑，就可以绘出燃气的燃烧特性。图1-23是采用本生式燃烧方式的燃气燃烧特性图。

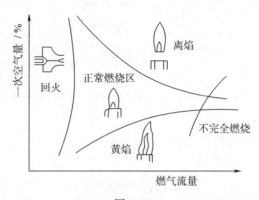

图 1-23

从燃烧特性图可看出：一次空气量少、燃气流量大时，容易发生黄焰，更严重时则发生不完全燃烧；燃气流量小、一次空气量大时，容易发生回火；燃气流量大、一次空气量也大时，容易发生离焰；燃气流量和一次空气量配比合适，则能保证进行正常燃烧。

三、一氧化碳、二氧化碳及缺氧的危害

1. 一氧化碳（CO）的危害

本身含有一氧化碳的燃气（如人工燃气），一旦发生泄漏，一氧化碳会跑到室内。但不仅如此，不管使用哪种燃气，如果燃气具发生不完全燃烧时，也会产生一氧化碳。室内一氧化碳若被人体吸入，会引起中毒。

人体吸入一氧化碳后，一氧化碳将与血液中的血红蛋白结合成碳氧血红蛋白。并且，它与血红蛋白的亲和力要比氧大300倍，而碳氧血红蛋白的解离又比氧合血红蛋白要慢3600倍。这样，人体一旦吸入一氧化碳后，血液输送氧气的能力受到阻碍，引起人体体内供氧不足。一氧化碳中毒的症状如表1-18

所示。

正如表 1-18 所示，室内空气中一氧化碳的浓度只要达到 1％以上，很快就会造成人员死亡。平时我们习惯上所说的"煤气中毒"，主要就是指一氧化碳中毒。

表 1-18 一氧化碳中毒症状

一氧化碳在空气中的浓度/％	症　状
0.02	2～3h 头前部有轻度头疼
0.04	1～2h 头前部疼、恶心；2～3h 头后部疼
0.08	45min 内头疼、目眩、恶心、痉挛；2h 失去意识
0.16	20min 内头疼、目眩、恶心；2h 死亡
0.32	5～10min 内头疼、目眩；30min 内死亡
0.64	1～2min 内头疼、目眩；10～15min 内死亡
1.48	1～3min 内死亡

2. 二氧化碳（CO_2）的危害

在紧闭的房间里使用燃气具时，二氧化碳浓度过高时也会引起中毒。二氧化碳中毒症状如表 1-19 所示。

表 1-19 二氧化碳中毒症状

空气中二氧化碳浓度/％	中毒症状
2.5	连续数小时不会出现异常
3.0	无意中呼吸次数增加
4.0	出现局部的刺激症状
6.0	呼吸量增加
8.0	呼吸困难
10.0	处于昏迷状态，不久死亡
20.0	数秒内麻痹，心跳停止

3. 缺氧的危害

表示空气活性度的最大要素是空气中的氧气浓度。通常空气中的氧气浓度为 21％。如果低于这个浓度，我们的身体会感到不适甚至出现危害，燃气具也会发生不完全燃烧，甚至熄灭。表 1-20 说明了缺氧的危害。

安装有燃气具的房间，如果氧气浓度低于 19％以下，可以认为已经处于危险状态。

表 1-20 　　　　　　　　　　　缺氧的危害

对人体的影响	对燃气具的影响
21％时，一切正常	21％时，一切正常
15％时，要深呼吸；脉搏加快	
11％时，感觉困倦	19％时，开始出现不完全燃烧
10％时，身体不能动	
7％时，发生死亡	15％时，火焰熄灭

4. 换气

一方面，要将燃气具产生的有害废气（一氧化碳及二氧化碳等）排出室外；另一方面，要将新鲜空气引入室内，这就是换气。换气不仅仅是为了正常燃烧，同时也为了使室内空气不受污染。

为此，在室内安装使用燃气具时，要根据燃气具的给排气方式、燃气的消耗量情况以及室内面积大小等状况，设置相应的排气口、供气口、甚至必要的换气设备（一些具体要求参考"燃具的安装"一章）。

如图 1-24 所示，排气口和供气口要设置在直接通向室外的地方。排气口要尽可能高一些，靠近顶棚。供气口要尽可能低一些，靠近地面。一般，排气口（或排气筒、换气扇）安装在距离顶棚 80cm 以内的地方。供气口安装在距顶棚 1/2 房高以下，不妨碍燃烧的地方。这样，室内空气的对流比较好。

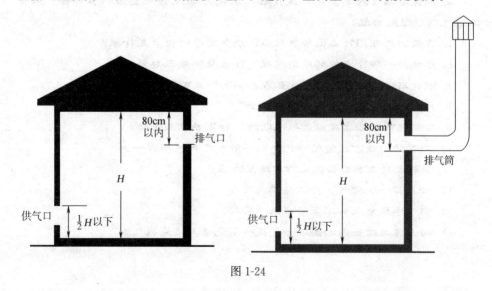

图 1-24

现在，一般家庭在使用燃气灶具时，灶具上方都安装了吸排油烟机。而使用燃气热水器时，对于 5L 以上的热水器，一般都要求安装专用排烟道。建议用户最好使用带有专用不锈钢排烟道的强制排气式或强制给排气式热水器，它的排烟效果更有保证。当然，在这种情况下，同样也要注意室内的通风。

购买和安装换气扇时，要根据燃气具的燃气消耗量大小考虑换气扇的排风能力。换气扇叶片直径、标准风量与燃气具的燃气消耗量大小，它们之间大致有以下关系，数据可供参考（表 1-21）。

表 1-21　　　　　　　换气扇叶片直径、标准风量与燃气消耗量的关系

换气扇叶片直径/cm	标准风量/（m³/h）	燃气具的燃气消耗量/（kcal/h）
15	450	10500 以下
20	600	14000 以下
25	900	21000 以下

【思考题】

1. 低压民用液化石油气具额定压力为多少？

2. 哪些是人工煤气的优点？

3. 天然气的主要成分是什么？天然气的主要来源是哪里？天然气的优点是什么？

4. 液化石油气的主要优点是什么？液化石油气的主要特性有哪些？液化石油气的来源是哪里？

5. 在我国燃气用什么记号来表示？燃气记号的含义是什么？

6. 燃烧是一种什么样的反应过程？什么是燃烧三要素？

7. 液化石油气泄漏后容易积聚在房间的什么位置？

8. 燃气的供给压力应该分别是多少？

9. 可燃气体的浓度在爆炸极限以外，会不会发生爆炸？

10. 燃气的燃烧方式分为哪几类？一般燃气具使用哪一类？

11. 引射式预混燃烧器的工作原理是什么？

12. 什么是一次空气？什么是二次空气？

13. 燃烧中最常见的不正常现象有哪些？

14. 与人体血红蛋白的亲和力，是一氧化碳大还是氧气大？

第二章　燃气灶具

第一节　燃气灶具的分类

燃气灶具是含有燃气燃烧器的烹调器具的总称，它的种类繁多，可按多种方式分类。

按照使用燃气类别可分为：人工燃气灶、天然气灶、液化石油气灶；按照灶眼的数量可分为：单眼灶、双眼灶、多眼灶；按照功能可分为：普通灶、气电两用灶、烤箱灶、烘烤灶、集成灶、烤箱、燃气烤炉、烘烤器、饭锅；按照结构形式可分为：台式灶、嵌入灶、落地式灶，组合式、其他形式；按照加热方式可分为：直接式、半直接式、间接式。

此外，生产厂家和市场上还习惯按照面板材料和点火方式等来进行分类。如：不锈钢面板灶、搪瓷面板灶、钢化玻璃面板灶、压电晶体点火灶及高压脉冲点火灶等。

一、按结构形式分类的燃气灶具

台式灶——本身带有支撑点，一般都将灶具放置在厨房的台面上，用火直接加热烹调器皿使用，如图 2-1 所示。

嵌入灶——在厨房的台面上开一个合适大小的方孔，将灶具镶嵌在其中使用，如图 2-2。

图 2-1

落地式灶——有支架（腿），直接放在厨房的地上使用，一般下部都带有烤箱，如图 2-3 所示。

因台式灶使用中所需要的一次空气能从灶的下部进入，因此在这一点上对火盖及炉头等的设计没有特别要求。

图 2-2

嵌入灶虽然使厨房的整体装饰显得美观，但一次空气不能从灶的下部方便进入，因此设计火盖及炉头等时要注意到这一点。但有条件时，用户最好在下部的橱柜处设置进空气口，以使灶具的火焰燃烧得更好，并防止一氧化碳超标。

二、按灶眼数分类的燃气灶具

单眼灶——只有一个灶眼（图 2-4），一般在单身公寓及火锅店中经常使用。

图 2-3

图 2-4

双眼灶——有两个灶眼（图 2-5），这是家庭中最常使用的一种类型。

多眼灶——有三个灶眼（图 2-6）或多个灶眼（图 2-7）。三眼灶中间一般常为小火灶，用来加热牛奶等。更多的灶眼在一般家庭中目前使用还不多。

图 2-5

图 2-6   图 2-7

三、按功能分类的燃气灶具

1. 普通灶

上述大部分灶具都属普通灶。

2. 燃气烤箱灶

燃气烤箱灶是将烤箱与灶组合在一起的燃气燃烧器具。

燃气烤箱灶也分为台式烤箱灶（图 2-8）、嵌入式烤箱灶（图 2-9）及落地式烤箱灶（图 2-3）三种。为防止食品烤焦，烤箱部分的热负荷一般都不太大。

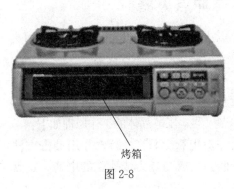

烤箱

图 2-8

烤箱

图 2-9

3. 气电两用灶

气电两用灶是将燃气灶具和电灶（包括电磁灶）组合在一起，能单独或同时使用燃气和电能进行加热的两用灶具。图 2-10是气电两用灶的一个例子。

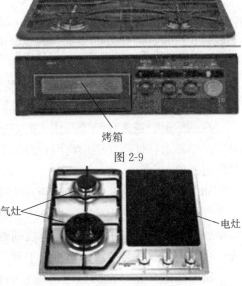

燃气灶

电灶

图 2-10

4. 燃气烤炉

随着人们生活水平的提高，住房条件的不断改善，以及旅游房车的逐渐增加，对户外烧烤炉的需求也随之增加。其中使用燃气作为燃料的户外烧烤炉是通过辐射和对流对食物进行烘烤的家用户外燃气燃烧器具。它的形式和用途也多种多样。其中一部分如图 2-11 所示。

图 2-11

四、压电晶体点火器和高压脉冲点火器

燃气灶具按点火方式可分为压电晶体点火灶具及高压脉冲点火灶具，用火柴或打火机点火的灶具已少见。下面简单介绍一下这两种点火器。

1. 压电晶体点火器

压电晶体是这样的一种晶体，当它受到外力冲击时，将产生一个高电压。利用这个高电压来点火的装置，就是压电晶体点火器。压电晶体的工作原理如下：

在钛酸钡、锆钛酸铅等晶体表面安装一对电极（图 2-12），并用冲击方法对它加以外力，使晶体变形，则在晶体表面会生成与外力成比例的电荷，这就是压电现象。

如果用导线从这两个电极连至点火器的电极，则在冲击压电晶体的瞬间，点火器电极间存在的 10000～20000V 的高压将发生火花放电，将燃气点燃。

放电电极通常采用镍合金，电极间的距离一般为 4mm 左右。此距离过大或过小放电能量都会变小，对点火不利。

压电晶体（有时也叫压电陶瓷）的打火寿命，一般为 5 万次，好的可达10 万次。

压电晶体点火器结构简单紧凑，成本低。缺点是放电脉冲数少，如果一次未能点着，必须再来一次。为解决这一问题，现在又有了所谓的"零秒启动"点火器。

一种压电晶体点火器的实物照片如图 2-13 所示。使用时转动旋转轴，带动冲击块往左移动并压缩弹簧。旋转轴旋转到某个位置时，被压缩的弹簧带动冲击块往右猛力向压电晶体撞去，使晶体产生出高压。

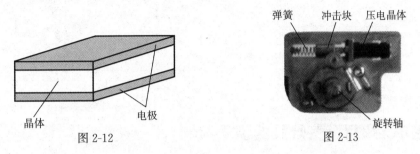

图 2-12   图 2-13

图 2-14 是压电晶体点火器结构示意图。晶体产生的高压用高压导线送至点火针，与点火针相对的一点则与撞击机构的外壳相连，于是在这两点间产生出火花，将燃气点燃。

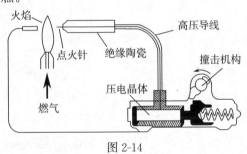

图 2-14

2. 高压脉冲点火器

通过电子电路产生一系列高压放电脉冲（一般电压幅度达到 10000～12000V 左右），将它接到点火器电极间进行火花放电，并点燃燃气，这就是高压脉冲点火器。

高压脉冲点火器由振荡器、高压线圈（高压包）等组成（图 2-15）。图 2-15（a）为方框图，图 2-15（b）为一个简单的电路图。

其中振荡器采用电感三点式晶体管振荡电路，三极管与电感线圈 T_1 等组成了振荡器，但同时三极管又起了放大作用。放大后的振荡波形用高压线圈 T_2 进行升压，并送至点火针放电。点火针要采用耐高温的合金材料。

高压脉冲点火器因使用一连串的脉冲进行放电点火，因此点火可靠。又因为它不像压电晶体点火器那样要用外力撞击晶体去产生高压，因此不容易损坏。

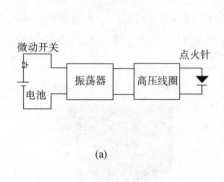

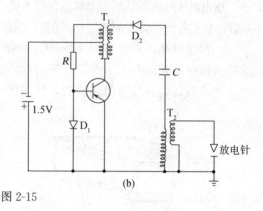

(a)   图 2-15   (b)

五、家用燃气灶具的型号编制

燃气灶具类型代号按照功能不同用大写汉语拼音字母表示为：

JZ——燃气灶

JKZ——烤箱灶

JHZ——烘烤灶

JH——烘烤器

JK——烤箱

JF——饭锅

JJZ——集成灶

JKL——燃气烤炉

气电两用灶具类型代号由灶具类型代号和带电能加热的代号组成，用大写汉语拼音字母表示为：

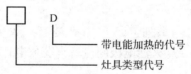

灶具的型号由灶具的类型代号、燃气类别代号和企业自编号组成，表示为：

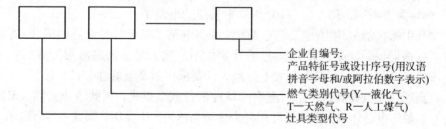

第二节　燃气灶具的基本构造

燃气灶具最主要的部件有气阀、喷嘴、风门、炉头、火盖、锅架、点火装置及熄火保护装置等。

气阀保证燃气的供给，同时还可对燃气量（即对火力）的大小进行调节。由气阀过来的燃气从喷嘴喷出，燃烧所需要的空气量由风门进行控制。炉头及火盖组成了一只燃烧器，燃气在这里进行燃烧，产生热量。点火装置产生放电信号，通过火花放电将燃气点着。大部分燃气灶具还带有熄火保护装置，当意外情况下火焰熄灭时，自动关闭气阀。

气阀是一台灶具的核心部分，它负责打开或关闭通往喷嘴的燃气通路，且能够对通过的燃气量方便地进行调节，但操作中不能发生燃气泄漏现象。同时，气阀的构造还不能做得过于复杂。

一、气阀

气阀是灶具中的关键部件。为了解气阀的构造及动作原理，将一种最常见的气阀处于点火状态、使用状态及关闭状态时的情况分别分析如下。

1. 气阀处于点火状态（图 2-16）

（1）点火时，将旋钮往下按到底，此时引火轴前端的安全阀受压后被打开，燃气由 A 点进入，旋塞阀的燃气通路也同时被打开。

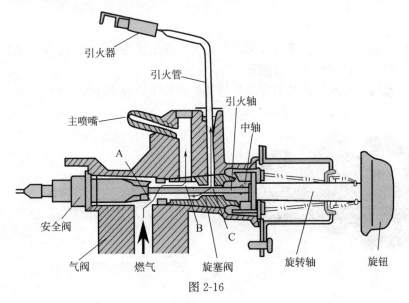

图 2-16

（2）将旋钮在按压状态下反时针方向旋转，此时中轴也随之转动并使旋塞阀旋转，燃气通过安全阀及旋塞阀从C点流入引火管。

（3）同时，燃气也通过旋塞阀从B点流入主喷嘴，并射入炉头。

（4）与此同时，压电晶体被外力撞击产生一个高电压，在点火针处放电使引火器点火，引火火焰喷向炉头，炉头被点着。

（5）位于火焰中的热电偶产生热电动势，由它产生的电流流过安全阀中的线圈，安全阀吸合，燃气维持畅通状态。

（6）安全阀吸合后（一般需 3～5s），可松开旋钮，引火轴在弹簧作用下复位，C点关闭，引火火焰熄灭。

2. 气阀处于使用状态（点火已关闭）（图 2-17）

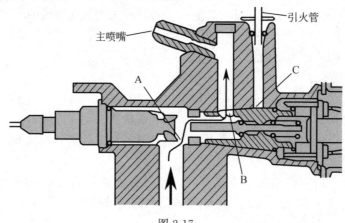

图 2-17

转动旋钮，带动旋塞阀转动，旋塞阀上通孔B的实际面积发生变化，通过的燃气量变化，实现了火力调节。

旋塞阀上燃气通孔B的大致形状及位置如图 2-18 所示。

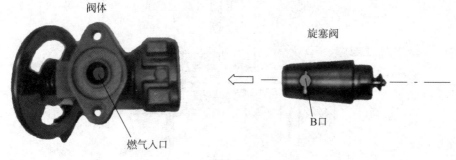

图 2-18

3. 气阀处于关闭状态（图 2-19）

将旋钮往顺时针方向转到"熄火"位置，这时因旋塞阀的转动，B 孔被封闭，也就关闭了通往主喷嘴的燃气通路，燃烧立即停止。

这时热电偶变冷，热电动势消失，安全阀中的铁芯因弹簧作用而动作，使 A 孔关闭，燃气供应中断。

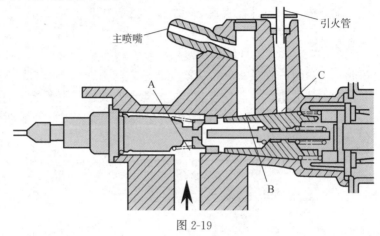

图 2-19

4. 一种新型气阀结构

在松下公司的这种气阀中，改变通往喷嘴燃气量的方法不是转动气阀的旋转轴，而是通过微电脑控制步进电机转动，再通过机械结构拖动火力调节阀移动。火力调节阀上的通气孔与固定的流量片上的通气孔相对位置发生变化，从而改变了燃气通孔的实际大小，也就改变了通往喷嘴的燃气量。图 2-20 所示为这种新型气阀的结构。

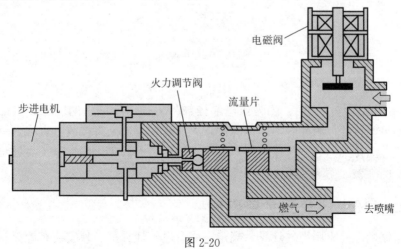

图 2-20

流量片上通气孔的大小，根据燃气种类不同将有所不同。更换气种时，流量片需要更换。

在这种气阀中，由于采用了步进电机和电磁阀等部件，耗电量比较大。需要使用容量比较大的电池，如碱性电池。也可以采用 220V 交流电源进行供电，即使用叫做"电源适配器"的配件供电。电源适配器由整流、滤波、稳压等电路组成，输出电压可设计在直流 3V 左右，额定电流可达 1.5A。

二、点火器

用高压脉冲点火时，在点火针的尖端与火盖之间出现一个 10000～12000V 的高压，并产生火花放电，将燃气点着。一般点火针尖端与火盖之间的最佳距离为 4mm，大于或小于这个距离时，放电能量都将下降。因此安装时一定要到位，要保证这个距离。如图 2-21 所示。

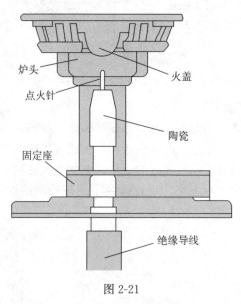

炉头
火盖
点火针
陶瓷
固定座
绝缘导线

图 2-21

用压电晶体点火时，因为压电晶体被外力撞击所产生的高压放电能量较小，不可能持续，因此它不能像脉冲点火那样在火盖处直接放电点火。一般都在离压电晶体不远处进行放电，点着小火后由引火器将火焰喷至炉头处将灶具点燃。图 2-22 是这种结构的一个例子。

三、热电偶及安全电磁阀

国家标准《家用燃气灶具》规定，所有燃气灶具都必须安装有熄火保护装

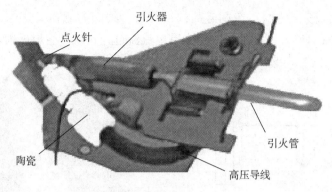

图 2-22

置。一般熄火保护装置都由热电偶及安全电磁阀组成。

将两种不同的金属以环状连接，如果在两个结合点存在着温度差，就会产生热电势，这就是热电偶的基本原理。

根据这一原理制作的热电偶元件，在其头部是两种不同的金属（如康铜与铁铬镍合金）的结合点，并用外部绝缘的导线接出，外壳则用裸露的导线连接［图 2-23 （a）］。如果将它的头部放在高温的火焰中，则头部与下部的冷端之间就会产生热电势。图 2-23 （b）是热电偶的实物照片。

安全电磁阀由铁芯、衔铁、线圈及弹簧等组成［图 2-24 （a）］。衔铁与铁

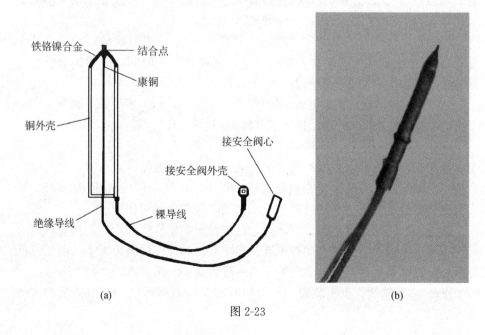

图 2-23

芯的材料，一般要使用不留剩磁的镍铁合金。线圈的圈数并不多，但线径较粗，电阻值在毫欧姆级。如果线圈中有电流流过，它就产生电磁力，将衔铁吸住。图 2-24（b）为安全电磁阀的外观及内部构造照片。

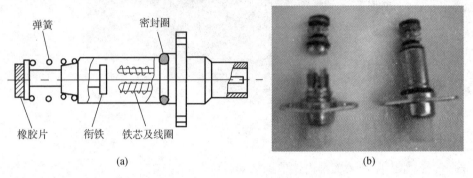

图 2-24

图 2-25 为热电偶与安全电磁阀连接的实物照片。使用时，热电偶的结合点（头部）置于高温的火焰中，所产生的电动势通过两根导线，加到安装在燃气气阀处的安全电磁阀的线圈上。电磁阀产生的吸力吸住电磁阀中的衔铁，从而使燃气经过气阀流向喷嘴。

如火焰由于意外原因熄灭，热电偶产生的电动势消失或接近于消失。电磁阀的吸力也消失或大为减弱，在弹簧的作用下衔铁被释放，安装在其头部的橡胶块将气阀中的燃气孔堵住，气阀被关闭。

因为热电偶产生的电动势比较弱（只有几毫伏），电流比较小（只有几十毫安），安全电磁阀线圈的吸力是有限的。因此在点火瞬间，必须按下燃气气阀的轴，沿轴向给衔铁一个外力，使衔铁被吸住。

新的国家标准规定安全电磁阀的开阀时间 ≤15s，但一般厂家控制在 3～5s。安全电磁阀的释放时间，国家标准规定为 60s 以内，但一般厂家控制在 10～20s。

现在还有一种所谓"零秒启动"的点火装置，它主要是采用了一只带有两个线圈的安全电磁阀，新增加的一只线圈连接到延时电路。点火时，延时电路产生一个电流使电磁阀维持在吸合状态数秒钟，这样，使用者即使立即松手，火焰也就不会熄灭了。而平时靠另外一只线圈起安全保护作用。

热电偶的安装位置也很重要，要让燃烧时火焰能够很好地烤到热电偶的头部。否则热电偶产生的热电动势不够，安全电磁阀线圈的吸力太小，衔铁不能被吸住。热电偶头部与火盖之间的距离一般为 3～4mm（图 2-26）。

图 2-27 是气阀、点火装置、热电偶及安全电磁阀形成一个组件后的实物照片。

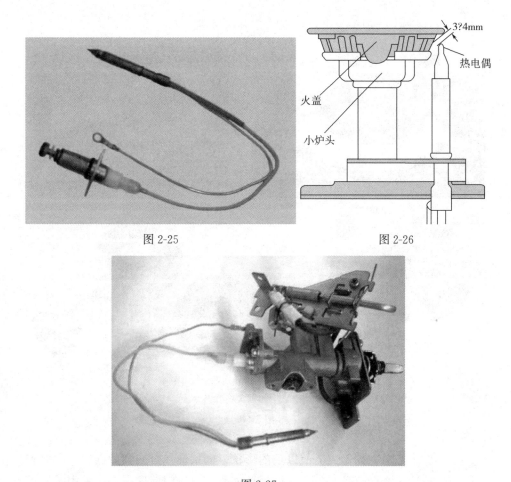

图 2-25

3?4mm

热电偶

火盖

小炉头

图 2-26

图 2-27

四、燃烧器

　　家用燃气灶通常采用部分预混式（大气式）燃烧器，它结构简单、燃烧完全、加工容易、使用方便、热负荷调节范围大，适合烹饪食物的要求。它一般由喷嘴、风门、炉头、火盖等组成，也有将炉头和火盖组成一体的。

　　火孔的形状一般有三种，即圆火孔［图 2-28（a）］、方火孔及缝隙火孔［图 2-28（b）］。圆火孔一般是在燃烧器头部用钻头直接加工而成，方法简单。方火孔一般是由可拆卸的火盖与炉头配合组成，加工工艺要求较高。缝隙式火孔是将火孔加工成细长的沟槽状，大都使用薄形不锈钢材料冲压制成。有将火盖与炉头做成一体的；也有将火盖与炉头分开，分别冲压加工而成的。图 2-28

（c）、（d）是典型的炉头及火盖组成的方火孔形状。

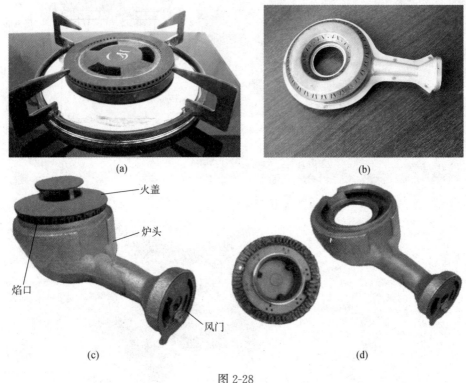

图 2-28

现在炉头基本上都做成类似以上的形状，即从燃气进来到被点着，中间经过了一段较长的路程，且在燃气入口处还加有一只风门。这主要是采用了所谓的"本生式燃烧方式"。

本生式燃烧方式的特点是：在燃气未被点着前，由风门进入的空气已经与燃气充分混合。本生式燃烧方式的优点是：燃烧时的温度高（详见燃气知识）。

炉头一般都用铸铁材料制造，但现在发展的趋势是用不锈钢材料冲压制作。优点是耐腐蚀，不容易生锈，不会造成表皮剥落。如图 2-29 所示。

火盖一般用铜材料制作，但现在也有用不锈钢材料制作的。还有的将不锈钢火盖焰口冲压成缝隙状，且都朝着侧面方向，并且火盖内低外高，如图 2-30 所示。这样火焰喷出时成内旋状，火力集中，能减少不必要的热量损失。松下公司已就这项技术在中国申请了专利。

风门一般都用薄钢板冲压而成，将它固定在炉头的端面上，如图 2-31 所示。正中间的孔是喷嘴插入的位置；周围的孔是进一次空气用的，一般都开成

图 2-29   图 2-30

扇形状，开孔面积根据所需要的一次空气量来设计。一般都将风门做成可调式，旋转风门，可改变风门的开口度，从而改变一次空气进入的多少。

五、喷嘴

喷嘴要向燃烧器喷出燃气，所以入口孔径大，出口孔径小（图 2-32）。但在点火的场合，为了使燃气喷到合适的位置以便可靠地点火，有时也做成"减速喷嘴"。即入口孔径小，出口孔径大，使燃气喷出时速度减下来。

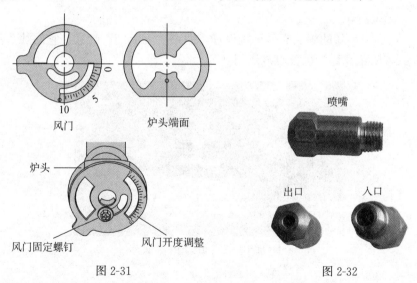

图 2-31   图 2-32

喷嘴一般都采用黄铜材料加工，喷嘴孔径大小要根据所要求的热负荷大小和气种类别等来决定，一般在零点几毫米到 4mm 左右。小孔径的喷嘴，要特别注意脏物容易使它堵塞。

喷嘴分为固定喷嘴和可调喷嘴两种（图 2-33）。固定喷嘴加工较方便，阻力较小,但喷嘴的孔径不能调节。

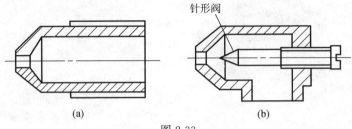

图 2-33

(a) 固定喷嘴   (b) 可调喷嘴

当燃气的气源种类改变时,需要更换喷嘴才可正常燃烧。

可调喷嘴内有一个可前后移动的针形阀,通过调节针形阀来改变喷嘴的有效流通面积,以适应不同种类的燃气。一般的家用燃气具燃气种类基本稳定,所以较少使用可调喷嘴。食堂用的炉灶、烤箱、流动灶车等,为了适应气源的变化,适合使用可调喷嘴,以便于调至最佳燃烧状态。

六、一些新的炉头火盖结构设计

1. 无风门灶具

现在有一种新的炉头火盖结构设计,所谓"无风门"灶具。它的灶头形状如图 2-34 所示,灶的内部没有风门。

进风口   炉头   火盖

图 2-34

但无风门不等于不要进一次空气。在炉头下部留有进风口,空气通过这进风口一直通到内部的空气室。空气室的中央是喷嘴(图 2-35)。

火盖下部中央(照片上未拍出)有一根管子通到喷嘴上方。燃气从喷嘴往上喷出时,同时将空气室内的空气(即一次空气)带入管子,在该管子内与燃气混合后，从火盖中央的燃气出口进入炉头与火盖组成的燃烧器中。从上部看到的火盖形状如图 2-36 所示。

空气室　喷嘴

图 2-35

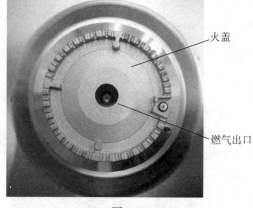

火盖

燃气出口

图 2-36

2. 内焰火灶具

另外一种新的炉头火盖结构设计，即"内焰火"设计。它的火焰在炉头内部燃烧，有热量集中、热效率高、火焰稳定、不易吹灭等特点，特别适应于尖底锅。

图 2-37（a）是内焰火炉头火盖的外观图，图 2-37（b）是内焰火的火焰示意图。

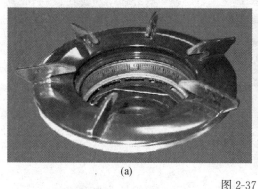

(a)

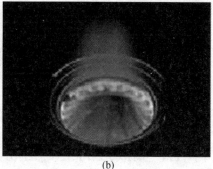

(b)

图 2-37

3. 其他新型灶具

宁波方太厨具公司推出的"五腔驱动燃气灶"也很有特色。它采用 5 个喷嘴和 5 个燃烧腔，无风门。使灶具在不同时间段，不同气源环境，以及调节大小火力时，都能持久保持在充分燃烧状态。炉头为一体设计，完全密封。不会因火盖放不到位而出现故障，不必担心汤水流入。图 2-38 为五腔驱动燃气灶的结构示意图及火焰示意图。

老板公司有一款灶具将主火放在中环（一般灶具都放在外环），且将主火直径由传统的 120mm 改为 100mm，使大火力集中于烹饪的关键位置，又使热量尽量不外溢，热效率可提高到 57%。二次空气供给采用双通道及增氧槽［图 2-39（a）］，使燃烧更加充分，降低了一氧化碳的排放量。图 2-39（b）及图 2-39（c）分别是其结构图和火焰示意图。

(a)

(b)

图 2-38

(a)

(b)

(c)

图 2-39

七、集成灶的主要组成部分

集成灶的主要组成部分如图 2-40 所示。其中一种的外观如图 2-41 所示。它的排烟口在下方，打开柜子后能看到部分部件，如图 2-42 所示。抽油烟效果好，减少了对室内的污染。又省去上方传统壁挂式吸油烟机的空间，为开放式的现代厨房提供更多空间。但也有清洗困难、易积油、维修麻烦等缺点，有的集成灶，火苗离吸气口太近，存在安全隐患。

因此国家标准（GB 16410—2020）对集成灶提出了一些严格要求：吸烟

口应采用耐温大于500℃的材料；风机入口到风机出口的部件应采用耐温大于350℃的材料；玻璃盖板应为钢化玻璃；排烟装置宜采用金属材料，当采用其他材料时应采用阻燃材料；导油管应采用耐油阻燃材料。

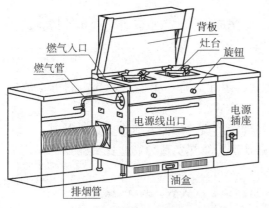

图 2-40

图 2-41

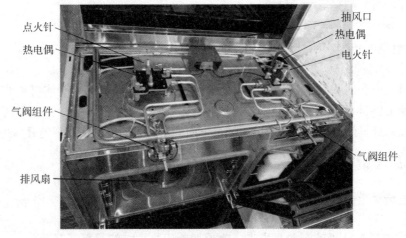

图 2-42

第三节　灶具的一些性能指标

1. 气密性

应满足：

①从燃气入口到燃气阀门在4.2kPa压力下，漏气量≤0.07L/h。

②自动控制阀门在4.2kPa压力下，漏气量≤0.55L/h。

③从燃气入口到燃烧器火孔用0~1气点燃，不向外泄漏。

2. CO含量

一般民用燃气灶具烟气中CO含量要求为≤0.05%。

3. 热效率

台式灶≥55%；嵌入式灶≥50%；集成灶≥55%（未开启吸排油烟装置），集成灶≥53%（开启吸排油烟装置）。

4. 热负荷

两眼和两眼以上的燃气灶和气电两用灶应有一个主火，其实测折算热负荷：普通型灶≥3.5kW；红外线灶≥3.0kW。

每个燃烧器的实测折算热负荷与额定热负荷的偏差应在±10%以内。

总实测折算热负荷与单个燃烧器实测折算热负荷总和之比≥85%。

5. 点火装置

点火10次有8次以上点燃，不得连续2次失效，且无爆燃。

6. 熄火保护装置

开阀时间≤10s；闭阀时间≤60s。

7. 噪声

燃烧噪声≤65dB；熄火噪声≤85dB。

8. 灶具的温升

（1）操作时手必须触及部位（旋钮等）的最大正常温升　金属材料和带涂覆层的金属材料：35K；非金属材料：45K。

（2）灶具侧面、后面的木壁、灶具下面的木台表面的最大正常温升　100K。

【思考题】

1. 灶具常用的点火方式有哪几种？

2. 一台燃气灶的型号为JZY-A，表示什么意思？

3. 对灶具气阀分别处于点火、使用和关闭状态时的原理了解吗？

4. 对热电偶及安全电磁阀的原理熟悉吗？

5. 灶具燃烧器的火孔形状一般有哪几种？

6. 灶具的喷嘴分为哪两种？分别用在什么场合？

7. 在有关灶具的指标中，对点火装置的要求是如何规定的？

第三章 燃气热水器的分类及构造

第一节 燃气热水器的分类

燃气热水器分为容积式和快速式两大类，我们这里只讨论快速式燃气热水器。快速式燃气热水器中没有容积式那样大量储存水的容器（水箱），只有水管，水在管内一边流动一边就被燃气燃烧所产生的热量加热。

快速式燃气热水器的给排气方式是热水器安全性能好坏的首要条件。按照给排气方式，燃气热水器可分为五大类，即自然排气式（烟道式）、自然给排气式（平衡式）、强制排气式（强排式）、强制给排气式、室外安装式。

最早出现的直排式这种类型的热水器（图3-1），它产生的废气直接排在室内，燃烧所需要的空气也取自室内，存在很大危险性，因此现在已经被淘汰。

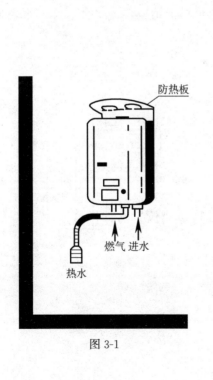

图 3-1

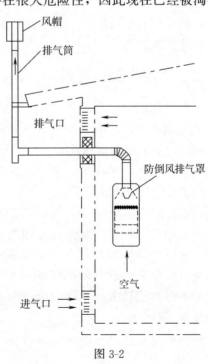

图 3-2

一、自然排气式

自然排气式一般也称为烟道式。这种类型的热水器（图 3-2），燃烧所需要的空气取自室内，废气则用烟道（机内无风机）自然排出室外，属于半密闭式。英文名称叫 conventional flue，因此也叫 CF 式。

自然排气式热水器使用干电池点火，不使用市电，因此停电时也可使用。加上构造比较简单、成本低、价格比强排式热水器便宜，因此目前在我国市场上仍占有很大比例。但由于生产厂家一般都不配备随机排烟道，而不少用户又不知道一定要安装排烟道，因此一些用户没安装烟道就使用。或者只加一段很短烟道通到室外了事，一旦遇到刮风，很容易发生废气倒灌现象。所以，在燃气热水器中，自然排气式热水器发生的中毒事故最多。

实际上，根据中华人民共和国行业标准《家用燃气燃烧器具安装及验收规程》的规定，自然排气式热水器只适合单层或两层住宅使用，且要求排气筒风帽要伸出风压带外并高出屋顶 0.6m（有关内容请见"家用燃具的安装"一章）。

由于自然排气式热水器的安全性能不能保证，发生事故的可能性大，因此一些发达国家早在 20 多年前已禁止生产和使用。我国上海市已于 2000 年年底发文，禁止自然排气烟道式热水器在上海市场上销售。2003 年，深圳市也采取了同样措施。

二、自然给排气式

这种类型的热水器（图 3-3），废气通过双层烟道的内层排出室外，所需的空气则通过该双层烟道的外层取自室外，机内无风机，属于密闭式。英文名称叫 Balanced flue，因此也叫 BF 式、平衡式。

由于它的面板处于全密封状态，安全性能是高的。唯一的缺陷是，因为它内部无风机，燃烧所需的空气靠自然吸入机内，为保证得到足够的空气量，烟道就必须做得比较大，这给墙上开洞及安装带来不便。

自然给排气式热水器在我国很少生产和使用。

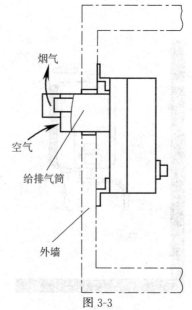

烟气

空气

给排气筒

外墙

图 3-3

三、强制排气式

这种类型的热水器（图3-4），废气用机内风机强制性地通过专用烟道排出室外，所需的空气取自室内，也属于半密闭式。英文名称叫 Forced exhaust，因此也叫 FE 式。

由于强制性地将废气排出室外，又配置了专用烟道，而且一般它的抗大风能力较强，可防止大风时的倒灌现象，因此安全性能大为提高。

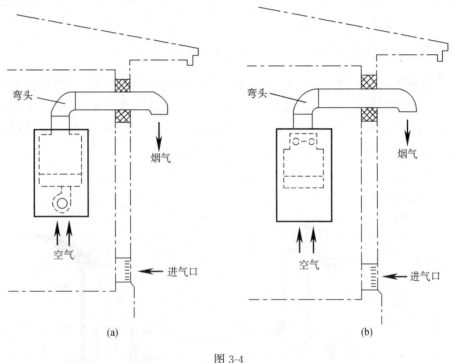

图 3-4

(a) 鼓风式　　(b) 引风式

室内型强制排气式热水器又分为鼓风式和引风式两类，它们的风机分别放在机内下部和上部，分别起鼓风和引风作用，各有特点。

因为鼓风式的风机放在下部，风机所处的环境温度低，对耐温没有特别要求。同时，从风机出口到排烟口均呈现正压，因此对结构整体的密封要求比较高，燃烧室不允许有高温烟气溢出。

引风式的风机放在上部，风机所处的环境温度高，要求能耐高温且本身能散热，但对结构整体密封的要求不像鼓风式那么高。

四、强制给排气式

这种类型的热水器（图3-5），废气用机内风机强制性地通过双层专用烟道的内层排出室外，所需的空气通过该双层烟道的外层取自室外，属于密闭式。面板处于全密封状态，烟气中的有害气体绝对不会污染室内空气，安全性能是室内机中最高的。同时，有良好的抗逆风性能。由于它内部有风机，燃烧所需的空气是强制吸入机内的，因此烟道就不必做得很大，与自然给排气式相比，开洞及安装就比较方便。英文名称叫 forced draught balanced flue，因此也叫FF式，它也是一种平衡式。

五、室外安装式

这种燃气热水器安装于室外（图3-6），供给新鲜空气及排出废气都在室外，只需将热水管及有关控制部分接入室内即可，安全性能最高。目前在发达国家的市场占有率已高达95％。由于价格及住房条件等原因，目前在我国的生产量还远不及其他类型的热水器，但也在逐年增加。

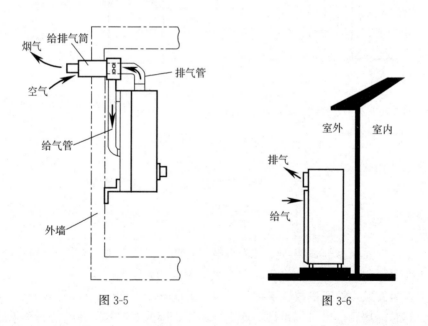

图 3-5   图 3-6

要说明的一点是，不是将室内机安装于室外就变成了室外机。室外机在防风、防雨、防腐蚀及防冻等多方面都作了特殊考虑。另外，也应注意不要将室外机安装于室内。

六、室内型供暖式

这种类型的热水器是专门用来进行室内取暖的，不供应生活用热水。根据膨胀水箱的情况，它又分为开放式及密闭式（图 3-7）。

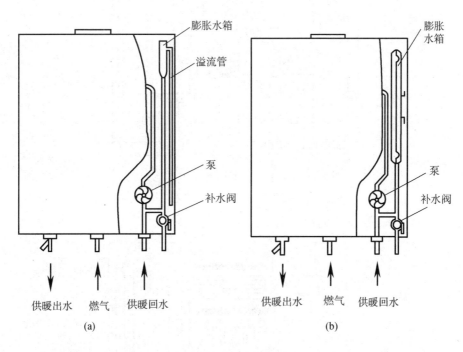

图 3-7

（a）开放式　（b）密闭式

七、室内型供热水、供暖两用式

这种类型的热水器，既可供应生活用热水又可用来取暖。它也根据膨胀水箱的情况分为开放式及密闭式，热水器供暖循环通路与大气相通的是开放式，热水器供暖循环通路与大气隔绝的是密闭式（图 3-8）。

微电脑自动控制采暖锅炉在取暖或生活用热水之间转换。使用生活热水时，微电脑控制三通阀转换到热水供应循环的位置，此时取暖热水循环暂时关闭。停止使用热水时，取暖锅炉又自动回到供热水状态。

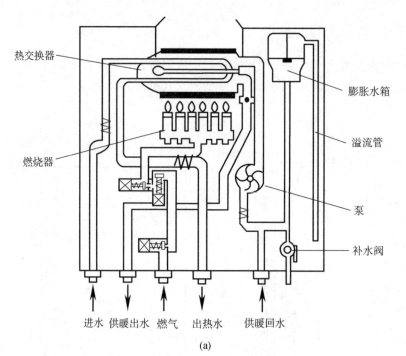

热交换器

膨胀水箱

溢流管

燃烧器

泵

补水阀

进水　供暖出水　燃气　出热水　供暖回水

(a)

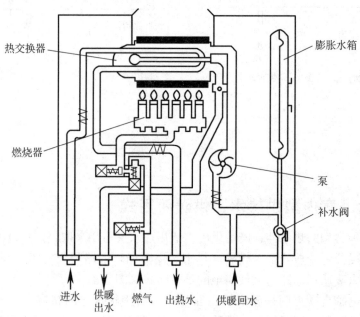

热交换器

膨胀水箱

燃烧器

泵

补水阀

进水　供暖出水　燃气　出热水　供暖回水

(b)

图 3-8

（a）开放式　　（b）密闭式

第二节 燃气热水器的产热水
能力（标准出热水量）

燃气热水器"几升机"的概念与电热水器不同。在电热水器中，如果标为 50 升机，则说明它的储水罐的容量为 50 升；如果标为 100 升机，则说明它的储水罐的容量为 100 升。但在燃气热水器中没有储水罐，热水是在机内的管道内连续不断流动供给的。那么平时我们说的 8 升机、10 升机等的概念是如何规定出来的？

显然，由于是连续供水，出水量一定跟时间有关，一般都按 1min 来进行计算。此外，它还跟供水水压、燃气条件、水温温升等有关。在国家标准中，对燃气热水器的产热水能力有以下严格规定：

燃气条件为 0～2，热水器工作在最大热负荷状态下，供水压力为 0.1MPa，温升折算到 $\Delta t = 25K$ 时每分钟流出的热水量。

这里稍作一点说明。燃气条件为 0～2，是指燃气为基准气（基准气的规定相当严格），燃气压力为额定压力（标准压力）。水压 0.1MPa 就是 1 公斤（$1kgf/cm^2$）。最大热负荷状态可理解为，燃气控制阀全部打开且开到最大，热水器产生的热量最大时的状态。热力学温度单位（K）与摄氏温度单位（℃）虽然不一样，但温升 $\Delta t = 25K$ 与 $\Delta t = 25℃$ 是一样的。所谓折算到 $\Delta t = 25K$，就是说实际测试时不必要求温升 Δt 一定是 25K，可按实际温升情况下所测到的出热水升数，再折算到 $\Delta t = 25K$ 时应出热水升数。

在行业内，我们又常常将燃气热水器的产热水能力解释为：在将进水温度提高 25℃ 的情况下，热水器每分钟能够流出的热水升数。这一解释虽然不够严密和准确，但它通俗又易于理解，因此也常被用在向用户进行说明等场合。

从以上对燃气热水器的产热水能力的严格规定我们可以得知，一台 8L 或 10L（其他容量也一样）热水器，不是在任何情况下每分钟都能够出 8L 或 10L 热水。且不说燃气条件及水压情况，光是温升一项就应卡在 $\Delta t = 25K$（$\Delta t = 25℃$）来考虑。实际使用时，如果要求温升超过 25℃，则出热水升数就肯定达不到每分钟 8L 或 10L。

一台燃气热水器每分钟实际能够出几升热水，这与这台热水器的标准出热水量、进水温度及出水温度有关。常常按照以下公式来计算：

$$每分钟实际能出热水升数 = \frac{标准出热水量 \times 25}{要求出热水温度 - 进水温度}$$

举例说明：

有一台产热水能力（标准出热水量）为 10L 的燃气热水器，若燃气条件及供水水压等都符合规定要求。当进水温度为 20℃，要求出热水温度为 45℃ 时，它的出热水升数为 10L/min。

同样是这台热水器，到了冬天，若进水温度降至 5℃，这时如果只要求热水温度为 30℃，则因为此时温升也为 25℃，它的出热水升数仍为 10L/min。但如果要求热水温度达到 45℃，则此时它的出热水升数按照以上公式计算，就只能达到 6.25L/min。这就意味着必须关小水的流量，可以在热水器外部关小，也可以在内部关小。

如图 3-9（a）所示，在一些燃气热水器的面板上装有两只调节旋钮，一只（图中左旋钮）标明燃气量调节，另一只（图中右旋钮）标明温度调节。其实，这只温度调节旋钮下面安装的是一只进水阀门 [图 3-9（b）]。所谓调高水温，实际上就是通过关小水的流量来实现的。

(a)

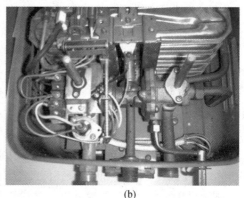
(b)

图 3-9

这里采用的是简单的水气联动阀结构，在左侧的气阀和右侧的水阀之间有一联动杆。水不进来时，左侧的气阀也不打开。水进来时，水阀中的皮膜带动联动杆，将气阀打开。水压越高，气阀打开也越大，火焰燃烧得越旺。所以它也是一种简单的自动控制结构。

为防止联动杆处漏水，在联动杆上安装了一只密封橡皮圈。由于联动杆经常处于动作之中，这只密封橡皮圈容易磨损，从而引起漏水。因此这是这种水气联动阀结构的缺陷。

综上所述，春夏秋冬，由于自来水的温度不一样，人们要求的热水的温升肯定会不一样。因此，燃气热水器在不同温升的情况下，每分钟实际能够出热水的升数就不一样。

根据以上公式计算，将几种不同容量的燃气热水器在不同温升情况下，每分钟实际能出热水的升数列在表 3-1 中。

表 3-1　　　　　不同温升时燃气热水器实际能出热水的升数

温升 Δt/℃	实际能出热水量/(L/min)			
	5 升机	8 升机	10 升机	16 升机
25	5	8	10	16
30	4.17	6.67	8.3	13.3
35	3.57	5.71	7.14	11.4
40	3.13	5	6.25	10

第三节　燃气热水器的型号编制

根据国家标准（GB 6932—2015），燃气热水器型号编制有以下规定。

1. 热水器型号编制

代号	安装位置或给排气方式	主参数	——	特征序号

2. 代号

JS——表示用于供热水的热水器。

JN——表示用于供暖的热水器。

JL——表示用于供热水和供暖的热水器。

3. 安装位置及给排气方式

D——自然排气式。

Q——强制排气式。

P——自然给排气式。

G——强制给排气式。

W——室外型。

4. 主参数

采用额定热负荷（kW）取整后的阿拉伯数字表示。两用型热水器若采用两套独立燃烧系统并可同时运行，额定热负荷用两套系统热负荷相加值表示；不可同时运行，则采用最大热负荷表示。

所谓额定热负荷是在额定燃气压力下，热水器使用基准气在单位时间内放出的热量。额定热负荷又称为额定热流量，单位是千瓦（kW）。但过去多使用MJ/h 这个单位，即每小时放出多少兆焦［耳］的热量。1kW＝3.6MJ/h。

额定热负荷直接反映出热水器的产热水能力，比如 8 升机的额定热负荷在16～17kW，而 10 升机的额定热负荷则在 20～21kW。

5. 特征序号

由制造厂自行编制，位数不限。

例：

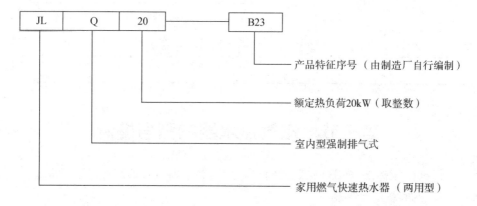

第四节　燃气热水器的基本构造

快速式燃气热水器根据不同分类，其构造也不相同。但气阀、喷嘴、燃烧器、热交换器、点火器、控制电路等都是不可缺少的部件，有的还得加上水流开关或水量传感器以及一些安全装置。如果是强制排气式热水器，还要加上风机及风扇等。图 3-10 就是比较典型的一款燃气热水器的内部构造。

下面分别就气阀、喷嘴、燃烧器、热交换器、点火器、水流开关及水量传感器、控制电路、安全装置等作些说明。

一、气阀组件

气阀是控制燃气是否进入并调节燃气量多少的重要部件。根据燃气热水器国家标准的规定："在通往燃烧器的任一燃气通路上，应设置不少于两道可关闭的阀门，两道阀门的功能应是互相独立的"。因此，一般都采用一只主气阀（起开关作用）及至少一只控制阀（调节燃气量）组成。控制阀可以是手动控制的多个电磁气阀组件，也可以是自动控制的燃气比例阀。

图 3-11 是由主气阀及燃气比例阀组成的一只气阀组件。

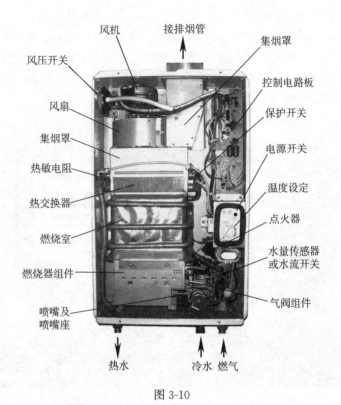

风压开关
风机
接排烟管
集烟罩
风扇
控制电路板
集烟罩
保护开关
热敏电阻
电源开关
热交换器
温度设定
燃烧室
点火器
燃烧器组件
水量传感器
或水流开关
喷嘴及
喷嘴座
气阀组件

热水　　　冷水　燃气

图 3-10

二、喷嘴组件

　　喷嘴是燃气从气阀通往燃烧器的关口。由于在这里燃气通路突然变小且与大气相通，在供给压力作用下燃气将喷向燃烧器。根据燃气种类及压力等来决定喷嘴的孔径，同时根据燃烧器的个数来决定喷嘴个数。当然，与灶具不同的是燃气热水器的喷嘴是以组件形式出现的（图 3-12）。

图 3-11

图 3-12

将加工好的若干个喷嘴拧到喷嘴座上，组成一个喷嘴组件。

一般 10L 左右的热水器，喷嘴的数量从几个到十几个不等。但 16L 以上容量的热水器，一般就不采用这种结构形式。而是采用将喷嘴及喷嘴座做成一体的结构，喷嘴也是一次加工成型的，喷嘴的数量在 30 个左右。图 3-13 是这种一体结构喷嘴的实物照片。

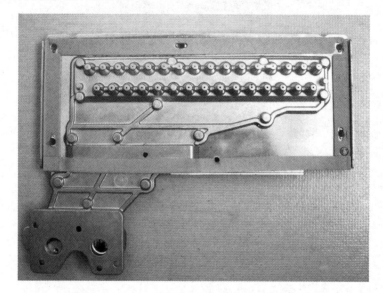

图 3-13

三、燃烧器组件

燃气热水器的燃烧器（通常习惯称为火排）一般都采用薄形缝隙式的结构，如图 3-14（a）所示。虽然它的形状与灶具燃烧器不大一样，但其工作原理却是一样的。热水器的燃烧器都以组件形式出现，它由几个到几十个燃烧器组成，如图 3-14（b）所示。

燃烧器个数的多少决定于产热水能力和燃烧器本身的尺寸，最主要的是要保证在最大热负荷状态下（即我们平时所理解的燃气控制阀全部打开且全部开至最大时的状态），热水器的出热水量应达到所标定的产热水能力。燃气气种变更时，有的产品需要更换燃烧器，有的产品则不需要更换。

四、热交换器

热交换器是将燃气的热量转换为热水的热量的重要部件。

热交换器由几十片平行排列的翅片组成。翅片一般都用传热性能好的紫铜

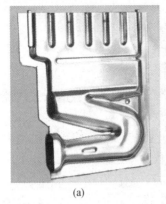

(a)　　　　　　　　　　　　　(b)

图 3-14

材料制作，加热水管从中来回穿越数次（图 3-15）。工作时，翅片中的温度可超过 1000℃。在这高温下，瞬间连续将自来水加热成热水。

　　一般根据燃气气种不同，翅片的间距会有不同。液化石油气及天然气用的热交换器的翅片间距较窄，人工燃气用的热交换器的翅片间距较宽，这是考虑到人工燃气的烟气容易在翅片处积炭。

五、点火器

　　点火器（图 3-16）类似于电视机中的高压发生器，它的输出端能提供 10000～12000V 的高压，送到位于燃烧器中的点火针处进行火花放电而点火。

图 3-15　　　　　　　　　　　　　图 3-16

六、水量开关及水量传感器

　　水量（水流）开关能保证只有当水进入热水器时，热水器才工作，以防止发生空烧。而水量传感器（图 3-17）除了这种开关功能外，还能够判断进入热

— 65 —

水器的水量的多少。

水流开关及水量传感器的构造及原理见第六章。

七、控制电路

在构造简单的热水器中，也必须有点火信号的控制、气阀开关的控制、熄火保护的控制等，可用比较简单的电路来实现。

但现在，在档次稍高的热水器中，控制电路基本上都以单片机为中心，加上各种传感器、执行元件等构成，所有控制程序都已事先存入芯片中。单片机由中央处理器（即 CPU 中的运算器和控制器）、只读存储器（ROM）、读写存储器（RAM）、输入/输出口（I/O）等组成，集成在一块芯片中，再加上时钟电路和中断系统等，就组成了一台简单的电脑。虽说简单，对于燃气热水器的控制也够用了。图 3-18 是一台热水器电路板上的单片机芯片。

图 3-17

图 3-18

八、安全装置

产品不同，安全装置的数量会有多有少，但一般都具备以下几种：

（1）熄火保护装置—当意外原因造成燃烧器熄火时，发出信号，关闭燃气，停止工作。早期产品采用热电偶，现一般都采用火焰检测棒。

（2）防空烧装置—在无水或少水的情况下，关闭燃气，防止空烧。

（3）防水温过高开关—当水温高至某一数值时，自动熄火，避免热水过热而烫伤皮肤。

（4）电压过压保护—当电网发生故障，出现过高电压（特别是冲击电压）时，起保护作用。一般采用压敏电阻。

（5）防雷击装置—万一发生雷击时，保护人员及热水器的安全。

（6）风压过大或烟道堵塞保护——当外界风力过大可能发生废气倒灌或烟道堵塞时，热水器自动停止工作。

大部分都采用风压开关进行保护，也有通过风机转速和风机电流进行控制的。这是因为烟道堵塞时，风机转速将上升，风机电流将下降。

（7）定时装置——热水器连续工作 20～30min 后，将自动停止加热，提醒用户注意室内是否缺氧。还可在意外情况发生，甚至使用者已失去知觉或即将失去知觉时，自动关闭燃气，防止更严重的中毒事故发生。

（8）防冻装置——北方地区使用的热水器，需要加装防冻加热器（一般为陶瓷加热器），防止冬天热水器内部的水管冻裂。

（9）漏电保护——需要使用交流电源工作的热水器，应安装漏电保护器，一旦发生漏电，自动切断电源。

有关的一些保护装置将在第六章再作较详细的介绍。

第五节　关于热水温度

洗浴时热水的温度，因人因时而异，一般分为热水浴和温水浴。热水浴的温度约为 38～40℃，可以帮助清洁皮肤，还能起到扩张皮肤血管、促进血液循环、增强新陈代谢的作用，对神经痛、风湿性关节炎等有一定疗效。冬天洗热水浴比较合适，但夏天运动后大汗淋漓的时候最好也洗个热水澡。温水浴的温度为 35℃左右，这时的水温比皮肤温度略高，比人体体温略低，比较适合于泡澡，一般夏天洗温水浴的为多。温水浴能起到镇静神经、减轻心血管负担的作用，对高血压、神经衰弱、失眠和皮肤瘙痒等有一定疗效。

一、热水器水温的调节、稳定、显示

各厂家热水器的设计者们在调节水温、稳定水温及显示水温等方面采用了各种方法。

（1）松下 7 升机的水量可用手动调节，以改变出水温度。另外通过三只切换电磁阀，改变通往燃烧器的燃气量，将火力大小的调节分为四挡，如图 3-19 所示。

松下 10 升机中还有带"冬—夏"切换装置的机型，它将喷嘴分为两组，用一个切换电磁阀来控制。当面板上的切换开关置于"冬"时，切换电磁阀打开，所有喷嘴都供气工作。当面板上的切换开关置于"夏"时，切换电磁阀让一半喷嘴停止供气。如图 3-20 所示。

能率公司的一款 10 升机，水量也可手动调节。气路中只使用了两只切换电磁阀，火力切换分为"夏""春秋"及"冬"三挡。两只切换电磁阀全关闭时为

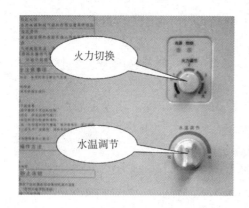
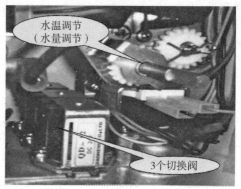

图 3-19

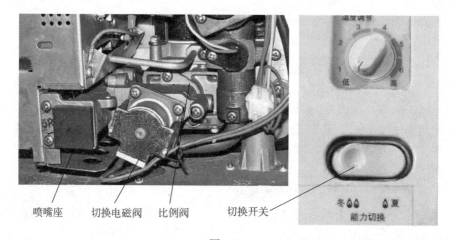

图 3-20

"夏"，两只切换电磁阀全开时为"冬"，只开一只时为"春秋"。如图 3-21 所示。

（2）有的热水器还在进水通道中安装了一只形状记忆合金元件（如用形状记忆合金制作的弹簧）。当水温发生变化时，记忆合金会改变其形状，从而改变水通道的有效面积，调节了水流量大小，能在一定程度上稳定热水温度。

（3）有的厂家的产品还在面板上设有 T1 及 T2 两只按钮（图 3-22），可记忆两个不同的温度，如一个为厨房所需要的温度，另外一个为浴室所需要的温度。使用中只要按其中任意一只按钮，就可立即将热水温度设定为该数值。

（4）松下公司有一款热水器，在面板上温度数字显示的右侧有红蓝两只指示灯（图 3-23）。红灯表示正在设定的温度，蓝灯表示目前实际温度。设定完毕，指示灯自动切换为显示实际温度。这样，使用者可方便地区分这两个温度。

同时，在左侧还用蓝色发光二极管显示目前火力的大小。另外，因为内部

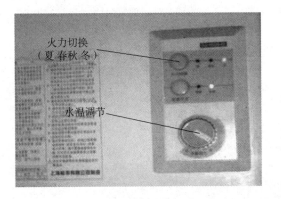

图 3-21

图 3-22

图 3-23

有能力切换功能，因此在左侧还用红色发光二极管显示切换情况。这一些都使得面板的布置变得很美观，又使热水器的工作状态很直观。

（5）史密斯热水器还使用"低压燃烧系统"，将燃气压力设计并稳定在低压段（设计压力是普通热水器的一半）。供给的燃气压力在规定压力的

0.5 倍～1.5 倍范围内波动时，输出压力也很少变化，因此燃烧稳定，热水温度恒定（图 3-24）。

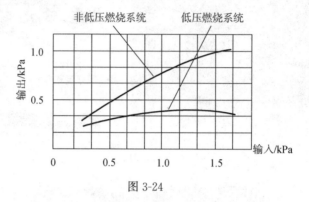

图 3-24

二、恒温特性

在使用燃气热水器时，都希望热水的温度稳定在一个基本不变的数值。但实际使用过程中，燃气的压力、供水的压力都会有些变化，它们都会使热水的温度忽高忽低，让人感觉不舒服，因此在燃气热水器中都要采取一些恒温措施。

图 3-25 是表示恒温效果好坏的恒温特性示意图。

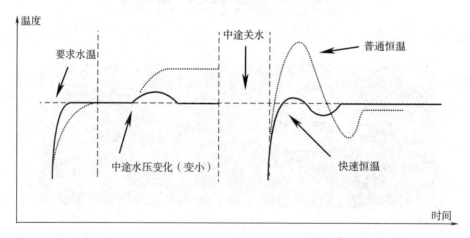

图 3-25

好的恒温设计（图 3-25 中实线所示的快速恒温）不仅开机时温升快，使用中途水压变化时，它也能很快将温度拉回原来的数值；中途临时关水后再次打开热水器时，热水也能基本保持在原来的温度，而不像一般热水器那样流出一股很烫的热水。

要实现这样的恒温特性，必须从多方面采取措施。比如：

①使用燃气比例阀，同时该比例阀的动作惯性还要小；

②临时关水后让风机继续转动一段时间，让热交换器的高温降下来；

③控制电路中采用 PID 调节（即比例-积分-微分调节），而且还要限制"超调量"；

④采用水分流管（图 3-26），最好是旁通阀，一旦出现不应有的高温时，立即自动打开这只旁通阀，加入一定的冷水。

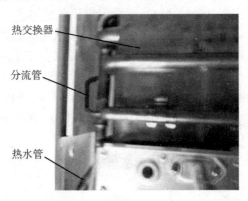

热交换器

分流管

热水管

图 3-26

具有这种快速恒温特性的热水器，有时也叫具有 Q 功能的热水器。

第六节 燃气热水器对水压的要求

一、水压的测量

任何燃气热水器对水压都有一定的要求。水压低到一定程度时，为防止空烧，热水器将不点火工作，这就是点火水压，一般为 0.1～0.3kgf/cm^2（10～30kPa）。水压超过点火水压时，热水器开始工作。但如果水压仍偏低，热水的温度将较高，夏天使用时会感到水烫。虽然热水器中有水温自动调节功能，但控制部件（如比例阀）的动作毕竟有一定的范围，超出该范围，它也是无能为力的。夏天水压低时，比例阀一般已关至最小。但由于夏天进水温度本来就高，在最小火力燃烧状态下，出水温度仍会较高。

所以，各生产厂家在标明点火水压的同时，还会标明一个"适应水压范围"，一般在 0.8～6kgf/cm^2（80～600kPa）。

因此，了解用户家自来水水压，对热水器故障分析是很重要的。

城市的自来水水厂通过供水站送出的自来水水压，一般在 3kgf/cm² （300kPa）左右。但由于路途有远近，以及用水的不同时间段，用户家的水压会有较大变化。一般送到居民点的水压只有 2kgf/cm²（200kPa）左右。

另外，还要注意到每升高 1m，水压将减少 0.1kgf/cm²（10kPa）。升到楼房的三层时，水压将减少 1kgf/cm²（100kPa）左右，再往上减少更多。

现在一些高层住宅区，因安装有加压设备，高层的供水水压反而不存在什么问题，水压都能保持在几公斤。

有的旧式多层住宅（5～7 层），还采用房顶水箱供水。住在最上两层的用户家，因水压偏低，夏天将存在问题。安装有加压设备的高层住宅，如果先将水打至房顶水箱，平时也是用房顶水箱供水的，也会存在同样的问题。

我们知道，1m³ 的水为 1t（1000kg），设想它压在底部 1m² 的面积上。则每平方厘米上受到的水压为 0.1kg，即 0.1kgf/cm²（10kPa）[图 3-27（a）]。换句话说，水每落下 1m 得到 0.1kgf/cm²（10kPa）的水压。一般住宅的层高为 3m 左右，所以，顶层用户家的水压也就在 0.3～0.4kgf/cm²（30～40kPa），再下一层的用户家的水压也就在 0.6～0.7kgf/cm²（60～70kPa）[图 3-27（b）]。

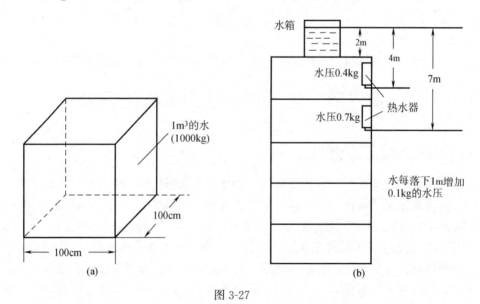

图 3-27

为了得到真实的水压数据，最好使用水压表进行测量。如果手中没有水压表，也可通过测量水流量的方法来换算出相应的水压。这是因为 1kg 的水等于

1L 水，可通过计算每分钟流出的水量（kg）来知道每分钟的流量（L），然后从表 3-2 中查出相应的水压。

但应说明的一点是，表 3-2 中数据是当水管及水龙头都使用 4 分管（即 1/2in），且水龙头开到最大时所得到的数据。如果能避开水龙头，直接从 4 分管处测量，数据将更准确。

表 3-2   **出水量与水压的对照表**（参考值）

水龙头流出水量/（L/min）	2.5	8.0	11.5	15.0	18.0	20.3	24.1
相当的水压/（kgf/cm²）	0.1	0.2	0.3	0.4	0.5	0.6	0.8
水龙头流出水量/（L/min）	27.4	34.9	39.4	45.0	48.5	52.9	57.0
相当的水压/（kgf/cm²）	1.0	1.5	2.2	2.5	3.0	3.5	4.0

注：$1kgf/cm^2 \approx 10^5 Pa$

对于水压不够的用户，要建议购买并安装家用增压水泵，或采取其他措施。

二、清洁供水

供水管中，特别是使用房顶水箱供水时，有时难免会流入一些脏物。如果脏物进入热水器中，将会影响热水器的正常工作，因此在热水器的进水侧一般都安装有水过滤器——过滤网（图 3-28）。尽管有水过滤器，也应防止施工中的脏物、密封带碎片等进入供水管内。

图 3-28

有的用户购买的供水水管质量较差，内部容易生锈。特别是将热水器闲置一段时间不用后再使用时，往往因铁锈太多将水过滤器堵塞，甚至已进入热水器内部，使热水器无法工作。

三、热水管路

（1）热水管一般使用自来水用镀锌钢管或铜管，不要使用聚氯乙烯管和铅管等。聚氯乙烯管耐压不好，且容易老化。铅管对水质有影响，且常年使用时，热水会使铅管壁变薄，耐压性能降低。

热水管在水龙头关闭的瞬间，其内部的压力可达到原来水压的5～6倍，这种倾向温度越高时越厉害。

（2）热水管应尽可能短，以减少热水的散热及管道的阻力。一般按热水器能力1L为1m以内的长度来考虑。

（3）进行热水管路安装前，最好先计算出管路总的损失水压，再确认用户家水压是否满足这一要求。如果损失水压太大，则热水器安装好后可能不点火或不能正常工作。这时，必须变更设计方案，减少损失水压。

（4）图3-29是一张最常见的热水器安装草图。除热水器外，一般都要用到弯头、三通、阀或水龙头、莲蓬头、直管等，这些部件都要损失水压，称之为"压损"。

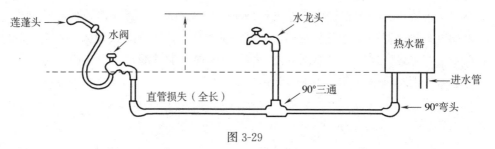

图 3-29

日本有人就压损问题作过测试，并将各主要部件的压损数据列在表3-3中。此表是在管径为1/2in、水压为1kgf/cm²（100kPa）、最大流量为10L/min的情况下测到的，压损的单位为kgf/cm²，其中直管损失及上升损失按长度（m）来计算，其他部件按个数来计算。

表 3-3   各部件的压损数据   单位：kgf/cm²

个数或长度	直管损失	90°弯头	90°三通	三通直通	阀	上升损失	莲蓬头
1	0.017	0.01	0.015	0.003	0.076	0.1	0.7
2	0.034	0.02	0.030	0.006	0.152	0.2	—
3	0.051	0.03	0.045	0.009	0.228	0.3	—

（5）将管路所有压损计算出来后，再加上热水器需要的点火水压或动作水压，就得到要求管路具备的最低点火水压及正常使用水压。

【例题】

如图 3-30 所示，使用一台 10L 热水器给一个莲蓬头及两个水龙头供热水，要求计算出热水管道所应有的水压为多少？管径为 1/2in，即 4 分管；热水器的点火水压为 $0.2kgf/cm^2$，正常工作水压为 $1kgf/cm^2$。

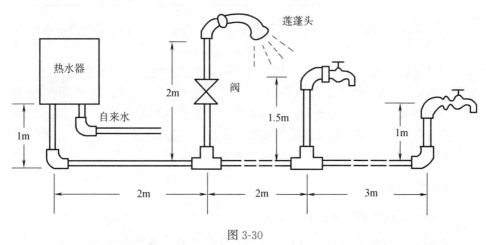

图 3-30

其实不用对图中的每个部件都进行计算，只要以图中压损最大的部件为中心来计算即可。无疑图中压损最大的部件是莲蓬头，因此，只要对热水器的出口到莲蓬头的出口所经过管路来进行计算。在这一段管路中，直管一共使用了5m，90°弯头使用了两个，三通一个（因为要供应莲蓬头热水，水流要转 90°弯，因此这时要按 90°三通计算），阀一个，再加上一个莲蓬头。至于上升损失，应该考虑的是从热水器的出口到莲蓬头的实际高度差，在这里实际只上升了 2−1＝1（m），因此按 1m 计算。

另外，热水器的点火水压和工作水压分别设定为 $0.2kgf/cm^2$ 和 $1kgf/cm^2$。

根据图 3-30，以莲蓬头为中心，列出表 3-4。

表 3-4　　　　　　　　　　　压损值计算结果　　　　　　　　单位：kgf/cm^2

	单个损失	个数	压损值小计
直管损失	0.017	5	0.085
90°弯头	0.01	2	0.02
三通（90°）	0.015	1	0.015
阀	0.076	1	0.076

续表

	单个损失	个数	压损值小计
上升损失	0.1	1 (m)	0.1
莲蓬头	0.7	1	0.7
热水器点火（工作）水压	0.2（1.0）		0.2（1.0）
要求水压合计			1.196（1.996）

表 3-4 计算结果表明，由于管路存在损失，热水器点火时需要的进水水压为 $1.196 kgf/cm^2$，正常工作时需要的水压为 $1.996 kgf/cm^2$。

但是应说明的一点是，市售部件的材质及性能差别很大，如管材就有镀锌钢管、铜管、PE 管等，压力损失情况不同。各种弯头、三通、阀门和莲蓬头的差别也很大，特别是莲蓬头，水流洒得越开所呈现的阻力也越大。因此上面所列举各部件的压损数据及管路压损值计算数据，都只能作为参考。这里只是介绍了一个计算方法，一个思考问题的方法。

【思考题】

1. 快速式燃气热水器分为哪几类？

2. 什么是密闭式燃气热水器？什么是半密闭式燃气热水器？

3. 哪些热水器可安装在浴室内？哪些热水器绝对不可安装在浴室内？

4. 燃气热水器的产热水能力是怎样规定的？每分钟实际能出热水的升数如何计算？

5. 燃气热水器由哪几个主要部件组成？

6. 使用、安装和维修热水器时，注意到水压问题了吗？

7. 燃气热水器中常用的安全装置有哪些？

第四章　燃气热水器的工作原理

燃气热水器包含水路、气路和控制电路等主要组成部分（图4-1）。其中水路中有水阀、水量调节和水流量开关或发讯装置等，气路中有气阀、燃气量调节和燃烧器等。热交换器是水路和气路的交叉部分，在这里完成燃气燃烧后产生的热量向热水热量的转换。在热水器整个工作过程中，要对热水的温度随时进行测量，并将数据发给控制电路。另外，燃气燃烧后产生的废气要排出机外，开机时点火装置要完成点火任务，控制系统则负责整个燃烧过程的统一指挥与协调。

对水路和气路可以分开进行控制，也可以进行水气联动控制。

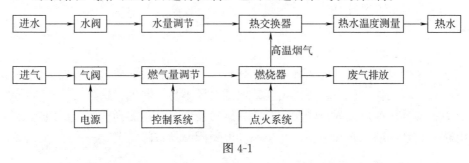

图 4-1

第一节　水气联动控制方式

目前燃气热水器的控制方法主要有两大类，即水气联动控制方法及水气分开控制方法。水气联动控制在早期多采用机械式方法，现在大多采用压差式方法；水气分开控制则大多采用水量传感器（或水量开关）及燃气比例阀的方法。

一、机械式水气联动方式热水器

机械式水气联动方式热水器（图4-2）的大致工作原理如下：

打开进水阀门，冷水进入热水器水阀中的水压平衡室，并推动水阀中的薄膜往左移动，同时冷水进入热交换器的水管。水阀中薄膜的移动带动水气联动杆往左，使微动开关的触点接通，脉冲发生器输出点火脉冲。与此同时也接通了燃气电磁阀，并将燃气阀门打开。燃气通过引火管到点火喷嘴点火，然后燃

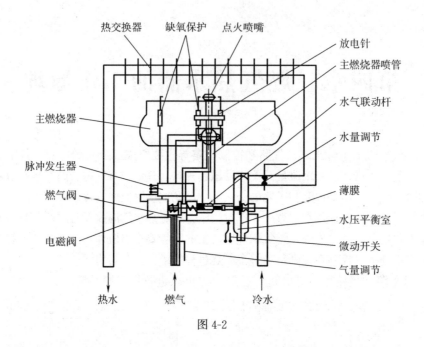

图 4-2

气通过主燃烧器喷管进入主燃烧器燃烧。冷水被加热后变成热水流出。

热水器工作过程中，如果出现缺水或水压不足、断电、缺燃气、热水温度过高、意外原因熄火等故障时，有关的感应装置会将检测到的信号反馈给控制电路，自动切断气源和电源，并使燃气电磁阀回到常闭状态。

二、文丘里管

压差式水气联动结构中的关键部件是文丘里管（venturi tube）。文丘里管是这样的一个管状部件，它的两头大，中间小，在中间截面积最小处开有一小孔。流体进入喇叭口后先进行收缩，经过截面积最小处后又逐渐扩散。这时如果在截面积最小处与喇叭口前连接一根小管，并在小管中放入水银（图 4-3）。当流体流动时，会发现小管中的水银右面比左面高；而当流体停止流动时，小管中的水银左右面一样高。

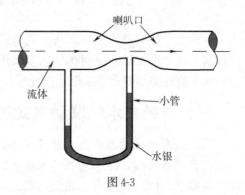

图 4-3

它的原理是这样的：在直管中，流体的流动速度是一样的。当截面积变小时，流体的流动速度将加快，截面积最小处的速度最快。而在流体力学中有一条很重要的原理，即"流速大、压力小"。这是由著名的瑞士科学家伯努利首先提出的，因此也叫伯努利原理。因此，在以上管子中，截面积最小处的压力将最小。并且，流体的流动速度越快，这一点的压力与直管处相比也就越小。

三、压差式水气联动控制的结构及原理

下面介绍压差式水气联动控制方法。图 4-4 是一个水气联动阀组件的实物照片，图的左部为气阀，右部为水阀，中间通过一根联动杆进行连接。它的基本原理是：水流进入水阀后，水阀中的薄膜在水压作用下往左移动，并通过联动杆推开联动气阀，同时联动杆在移动中又接通了微动开关，它一方面通过控制电路打开电磁气阀，让燃气进入燃烧器，另一方面又发出点火信号，使燃烧器点火；反过来，如果水流停止进入水阀，则水阀中的薄膜往右移动，联动杆在弹簧作用下让联动气阀关闭，同时微动开关的接点断开，电磁气阀也关闭。

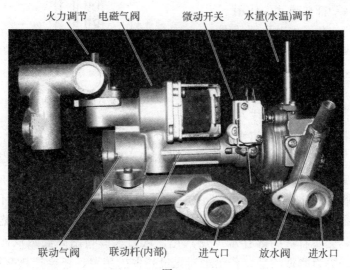

图 4-4

显然，在这种水气联动阀组件中，由于使用了联动气阀和电磁气阀两个独立的阀门，因此是符合国家标准"在通往燃烧器的任一燃气通路上，应设置不少于两道可关闭的阀门，两道阀门的功能应是互相独立的"这一要求的。

压差式是利用了水阀中薄膜两侧水的压力差的原理。如图 4-5 所示，在水阀的输水管部分有一个文丘里管，而在文丘里管中部截面最小处设置了一个取压口，该取压口通往水阀薄膜左侧的 B 腔，B 腔的压力当然就等于取压口的压力。当水流过文丘里管时，因其中部的截面最小，因此在这里的流动速度最快。根据流

体力学的"流速大、压力小"的基本原理，在取压口的压力就小，也就是B腔的压力小于A腔的压力，在薄膜的两侧产生了压力差，使薄膜往左移动，打开了燃气阀。单位时间内流过文丘里管的水越多，则流经取压口时的速度越快，A、B腔之间的压力差就越大，则通过联动杆使气阀开启的程度也就加大。可见，这种水气联动阀使燃气进入主燃烧器的流量随进水量呈正比变化，它保证了在热水器的热负荷范围之内，热水器的温度保持基本稳定，不至于忽冷忽热。当进水阀门关闭、水停止流动时，薄膜两侧的压力差消失，联动杆在弹簧的作用下复位，从而切断了主燃烧器的供气，主燃烧器熄火。

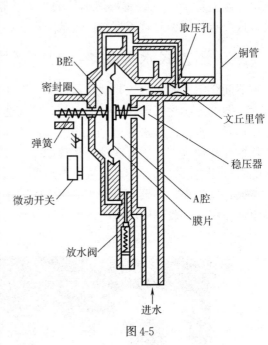

图 4-5

在联动杆的右端，有一个水稳压器结构。当水压增高进水加大时，联动杆势必往左移动较多，但这同时却又使水流往A腔的入口变小。反之，水压降低进水变小时，联动杆的左移也变小，这将加大水流通往A腔的入口。因此，在一定程度上起到了水压稳定的作用。

水气联动阀是连接水路和气路的一个重要部件，如果加工精度不够或弹簧不良，则有可能在关断进水阀时联动杆不能退回，主燃烧器仍继续燃烧，这样往往会把热交换器管内的存水加热汽化，从出水口喷出高温蒸汽而烫伤人体（即干烧）。更为严重的是，若热水器无过热保护装置，还会把热交换器烧穿。同样，其他原因（比如取压口处因脏物堵塞）造成的水气联动阀失灵，也会在关断出水阀后主燃烧器不熄火，使管内热水温度迅速升高汽化，使热交换器水管胀破。可见，水气联动阀的质量是否有保证是非常重要的。此外，水气联动阀还必须避免燃气管道进水，为此，应从结构上把水路和气路严格分开，一般采用的方法是在联动杆上加密封圈。使用中要注意这只密封圈是否磨损，否则会出现漏水、卡住等故障。

水气联动阀中水阀的构造如图4-6（a）（b）（c）的照片所示。通过照片可清楚地看到水阀A腔（即右腔）是通过阀中心的孔进水，而水阀B腔（即左腔）是通过通往文丘里管的孔进水，两腔由橡胶薄膜隔开。

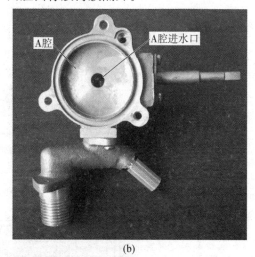

(a) (b)

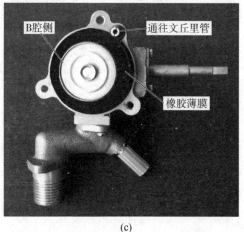

(c)

图 4-6

四、压差式水气联动阀结构的应用

在我国广东地区的一些燃气热水器生产厂家，他们的自然排气式和强制排气式热水器不少就采用了这种水气联动阀结构。图 4-7 是采用这种结构的热水器的典型工作原理图。

插上带漏电保护器的电源插头，打开气阀和水阀，冷水从进水管流入，经过水稳压器稳流，进入水阀右腔，再经文丘里管进入水箱铜管。水通过文丘里管的取压口时，流速加快，压力变小，这个压力通过缓冲阀传入水阀左腔，从

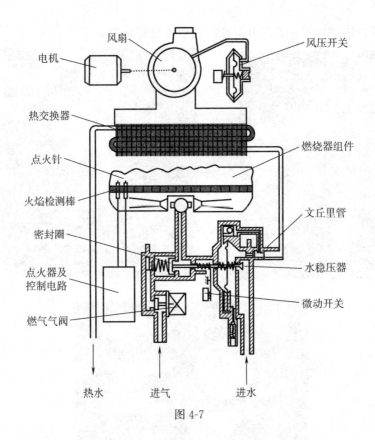

图 4-7

而在左右腔形成一个压力差。利用该压力差推动薄膜橡胶圈，使联动轴左移，打开燃气阀，同时也使微动开关闭合，控制电路开始工作。首先要进行自检，检查火焰检测棒是否与地短路，风压开关是否正常，温度开关是否接通。如果一切正常，风机才开始转动，随后开始点火，紧接着电磁气阀吸合通气，燃气开始燃烧。此时风压开关接通，燃烧继续。火焰检测棒感应到火焰信号后，反馈给控制电路，并使电磁气阀维持在吸合状态，几秒钟后点火停止，热水器进入正常工作状态。

热水器使用完毕后，关闭供水阀门，水流停止。水阀左右腔的压力差变为零，水气联动阀在弹簧力作用下关闭，联动轴右移时使微动开关打开，控制电路进入关机程序。首先关闭电磁气阀，电机继续运行几秒钟将废气排除干净，然后停机。

第二节　水气分开控制的基本原理

目前在我国生产、销售的林内、松下、能率等公司的强排式燃气热水器，它们的构造及工作原理都比较类似，基本上都采用了水气分开控制的方法。下面先以松下 10 升机为例，介绍其基本工作原理（图 4-8）。

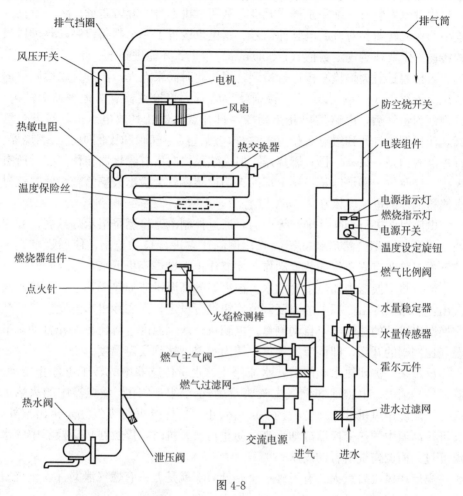

图 4-8

一、基本工作原理

在进水阀和进气阀都已打开、电源已接通的情况下，只要打开热水阀，水就进入热水器，通过水量传感器流向热交换器中的加热水管（请同时参阅工作流程图）。

水流经水量传感器时，它内部的磁性转子就转动。位于水量传感器外部又紧临转子的霍尔集成元件，感应后发出一连串电脉冲，送至控制电路（电脑）。

为防止干烧，在这里设置了一个判断程序，要求水量传感器中转子的转速一定要达到一个规定的数值以上（相当于水流量达到 2L/min 以上），才能进入下一步，否则只能再等待。如果水流量足够，程序进入"初期检查"。这时电脑分别对温度保险丝、防空烧开关、主气阀、风机和热水热敏电阻进行检查。如这几项都正常，电脑才发出指令给燃烧用风机通电，风机开始转动。在风机内部也安装有一个霍尔集成元件，利用电机本身的旋转磁场，感应发出一连串与风机转速相对应的电脉冲信号。这里也设置了一个判断程序，要求风机的转速一定要达到规定数值（1700r/min）以上，才能进到下一步。

　　紧接着是对火焰检测棒进行检测，因为此时尚未点火，流过火焰检测棒的电流应该很小（$0.9\mu A$ 以下），否则就意味着火焰检测棒有对地短路等故障。经判断为正常后，电脑发出几个指令，打开点火器让其放电点火，打开主气阀，让比例阀打开到缓点火位置。这样，燃气经主气阀和比例阀进入燃烧器。首先点着的是一只（一排）燃烧器，但火焰很快向所有燃烧器转移，点燃所有火排。这时位于燃烧器某一排上部的火焰检测棒就会检出火焰信号，此时流过火焰检测棒的电流应该在 $1.5\mu A$ 以上。

　　电脑对此进行判断并确定无误后，通过控制电路将燃烧指示灯点亮，并在3s后关闭点火器。然后就交给燃气比例阀让它进行自动控制，使燃烧继续保持下去，除非有安全保护装置动作，才能让正常燃烧停止下来。

　　流过热交换器中加热水管的水，被火焰的高温迅速加热成热水，从热水阀流出。热水温度由面板上的温度调节旋钮进行设定，而实际出水温度由位于热交换器出口处的热敏电阻自动测量。电脑将这两个温度进行比较，并自动调节燃气比例阀的开度，即调节燃气量，使出水温度达到设定温度。

　　反过来，关闭热水阀门后，水流停止，水量传感器中的转子也停止转动，脉冲信号消失。电脑通知燃气主气阀及燃气比例阀关闭，燃烧器中的火焰熄灭，但燃烧用风机继续运转大约70s后停止。这样既可将废气完全排出室外，又可让高温中的热交换器冷却下来。防止再次开机时，停留在热交换器中的水温度过高而烫伤洗浴者的皮肤。

　　先启动风机后点火还有另外一个好处，那就是万一有燃气泄漏进入燃烧室内，风机可将燃气排走，防止点火时发生爆燃。

　　此外，风机的转速在热水器工作过程中也是自动变化的。燃气量大时，风机的转速快；燃气量减少时，风机的转速也就慢，以适应燃烧过程中对风量（空气量）的不同要求。

　　另外，在水量传感器的出口部还设置了一个水量稳定器，防止水压过高时热水太凉。在排气筒部安装有风压开关，防止外界风力过大时发生废气倒灌。在燃烧器后面装了一只温度保险丝，万一燃烧器外壁烧透可及时发现，防止火焰外溢。在热交换器右侧装了一只温度开关，防止发生空烧。

　　（以上提到的水量传感器等部件将在后面"关键部件"一章中详细介绍。）

二、流程图

为了说明热水器的工作原理，厂家一般都在维修手册中给出一张流程图。流程图说明打开热水器后，先进行哪些步骤，后进行哪些步骤。熟悉热水器的流程图，对于我们判断故障很有好处，可以让我们少走很多弯路，很快找到故障的部位。这里摘录松下10升机流程图中的主程序部分。

首先，要特别注意流程图中的所谓"判断程序"。如在这个主程序中，打开热水阀门后，电脑要对水量传感器的水流量进行判断，如图4-9所示。如果水流量达不到2L/min以上（图中标为"否"），程序再返回去（实际上就是再等待一些时候）。直到水流量达到2L/min以上（图中标为"是"），程序再继续进行下去，这主要是防止水量不够时发生空烧。后面安全装置动作与否的判断程序也是这样，只要任何安

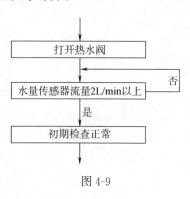

图 4-9

全装置都不动作（"否"），热水器就一直在燃气比例阀的控制下继续工作下去。但只要有任何一个安全装置动作（"是"），比例阀就停止它的控制，电脑关闭气阀，同时让指示灯发出信号。

如流程图所示，松下热水器还在开机后安排了一段初期检查程序。电脑分别对温度保险丝、防空烧装置、主气阀、风机和热水热敏电阻进行初期检查，只要这五项中有一项不正常（"否"），热水器就开不起来，燃气风机也不会通电转动。这时必须检查并排除掉其中的故障后，才能继续进行下去。如图4-10所示。

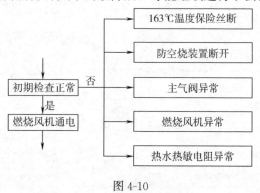

图 4-10

此外，在这个流程中安排了一个很重要的程序，那就是在开机过程中，给燃烧风机通电后，要判断风机的转速能否达到1700r/min以上（见图4-11）。

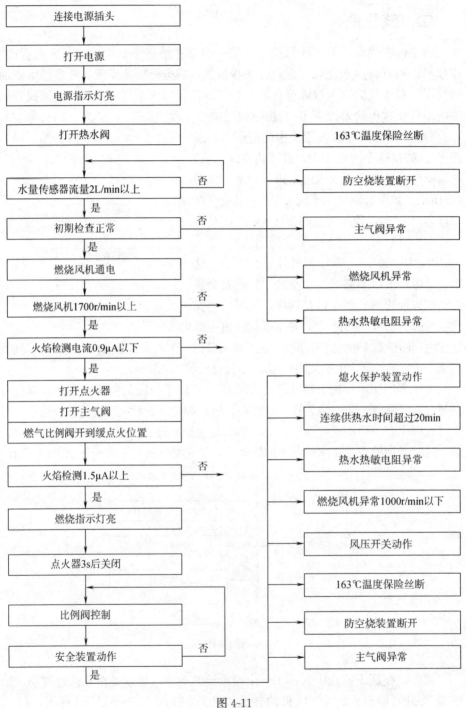

图 4-11

如果能达到,这时可以点火并打开气阀。如果达不到这个转速甚至根本不转动,说明风机有问题,必须排除有关的故障后,电脑才发出点火并打开气阀的指令。另外,前面所说的水量传感器的水流量是否达到2L/min以上,我们从外表是难以进行判断的。但是,如果风机不转,就应该怀疑水流量不足(一般水路部分的问题居多)。

因此平时分析故障时,风机转动不转动,或者转动正常不正常,是首先要注意观察的一个重要判断点。也就是说,如果风机都不正常,就不要盲目地到气路部分去寻找故障,只能围绕风机和水路部分去找问题。

流程图中的主程序部分看懂后,其他程序应该不太难懂了。要按照图中箭头所指的方向,一步一步阅读下去,直到全部看懂为止。

第三节　关于二次压调整

一、什么是二次压

以上构造中的一个关键部件是燃气比例阀。

由于燃气比例阀的存在,就出现了所谓"二次压调整"的问题。所谓"二次压",是指通过燃气比例阀后喷嘴前的燃气压力。

在燃气比例阀通往喷嘴的路上,设立了一个检测口(图4-12),平时用带密封剂的螺钉封住。在这个检测口测到的燃气压力就是"二次压"。

"二次压调整"牵涉到三个参数,即"能力小""能力大"和"缓点火"。

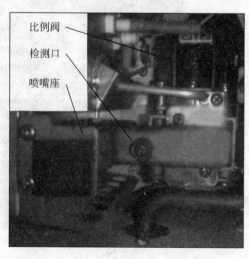

图 4-12

"能力小"是指将比例阀关到最小（这时火不能灭）时，在检测口测到的二次压力。

　　"能力大"是指将比例阀开到设定的最大值时，在检测口测到的二次压力。

　　"缓点火"是指点火时比例阀的开度能保证点着火但又不能发生爆燃，这时在检测口测到的二次压力。

　　这三个参数调整好后，在保证可靠点火的同时，用户使用时在面板上进行的温度调节都不会超出设定的范围，能可靠工作。

二、如何调整二次压

　　在松下热水器的电脑控制板上有一根切换导线（图4-13），平时插在"正常"位置。当需要调整二次压时，将它分别插到"能力小""能力大"或"缓点火"的位置。在控制板上还有两只微调电位器，其中一只调节"能力小"，另一只调节"能力大"。与切换导线的位置相对应，分别调节这两只电位器，一边看着压力表一边将数据调节到指定值。"缓点火"的大小则由"能力小"和"能力大"来决定。"缓点火"的范围比较宽，只要"能力小"和"能力大"调得比较准确，一般"缓点火"都能进入这个范围之中。调整完毕后，将切换导线插回"正常"位置。

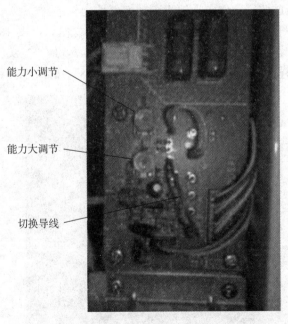

能力小调节

能力大调节

切换导线

图4-13

有些热水器调整二次压时不采用切换导线，而是采用切换微动开关的方法，道理是一样的。如林内公司有的热水器就采用如图 4-14 所示的切换开关。调节"能力小"时，将"二次压调节设置开关"的 7 拨至"ON"位置，调节比例阀底部的调节螺母，使燃气压力达到规定的数值。调节"能力大"时，将"二次压调节设置开关"的 8 也拨至"ON"位置，然后调节"能力大调节电位器"，使燃气压力达到规定的数值。两项都调整完毕后，将设置开关 7 和 8 都拨回"OFF"位置。

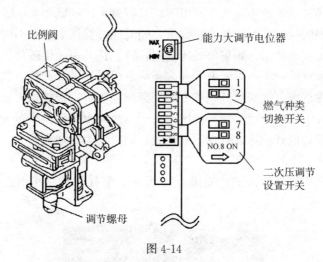

图 4-14

三、什么情况下要调整二次压

一般在以下情况需要调整二次压：

①工厂生产中，装配完毕后，一定要根据不同气种调整这些数据。

②如果用户家的气种进行了更换，一定要调整。

③维修时更换电脑板后，如果情况不理想，有可能要调整。

④维修时更换比例阀后，如果情况不理想，有可能要调整。

⑤人工燃气用热水器使用一两年后，如果发现二次压数据变小，要调整回去。

四、二次压调到多少

二次压应该调到多少，对于不同厂家及他们的不同产品还有不同的气源，数据将是不相同的，因此要根据厂家给定的数据进行调整。要注意的是，二次压的这些数据是在一次压（热水器入口处的燃气压力）为标准压力情况下确定的。

另外，二次压通常采用毫米水柱（mmH₂O）或 kPa 为单位。如果不要求十分准确，可认为 1mmH₂O＝10Pa。但在一些维修手册中往往给出两个数据，如 2.8kPa（286mmH₂O）。这是因为作为技术性文件时要求准确一些，这时要按照 1mmH₂O ＝ 9.806Pa 来换算。换算下来，2.8kPa 就约等于 286mmH₂O 了。

第四节　供暖式热水器的基本工作原理

采暖炉通常是指功率在 70kW 以下，具有强大的家庭中央供暖功能，能满足多居室不同的时间和温度的采暖需求，同时能够提供大流量不同点位的恒温生活热水，供家庭沐浴、厨房等场所使用。特别是其中的供暖功能，使我们从过去单一的福利性的集中供暖方式向多元化方向转变。一开始，北方天然气供应充足的一线城市，采暖炉开始作为房产标准配置，后来随着大家生活水平和经济条件改善，采暖炉逐步从一线城市向二三线城市辐射。华东、华中、西南等地区，采暖炉也开始进入开发商的视线；同时作为高端消费品，普通用户使用采暖炉的比例也越来越高。

目前都采用壁挂炉形式，如图 4-15 所示。壁挂炉的供水供暖示意图如图 4-16 所示。

图 4-15

目前都采用壁挂炉形式。壁挂炉的供水供暖示意图如图 4-16 所示，林内壁挂炉的基本工作原理可参考图 4-17 来说明。

采暖部分的燃气比例阀、燃烧器及热交换器等与前面讲过的热水器基本相同，不同的是水路系统中增加了一只循环水泵。采暖用热水从采暖供水口流出，经过暖气片、暖风机盘管及地板盘管等采暖部件后，从采暖回水口回到热水器中。因为是一个封闭的水路系统，为防止热水受热膨胀时损坏管路部件，因此还设置了一个膨胀水箱，可以缓冲吸收膨胀时产生的压力。

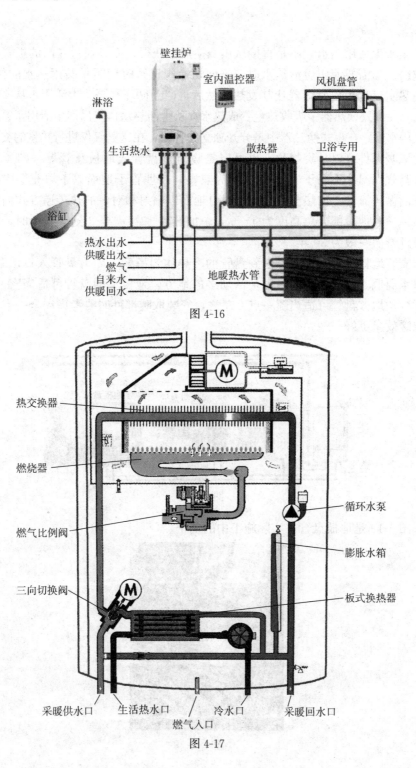

壁挂炉
室内温控器
风机盘管
淋浴
生活热水
散热器
卫浴专用
浴缸
热水出水
供暖出水
燃气
自来水
供暖回水
地暖热水管

图 4-16

热交换器

燃烧器

循环水泵

燃气比例阀

膨胀水箱

三向切换阀

板式换热器

采暖供水口
生活热水口
冷水口
采暖回水口
燃气入口

图 4-17

至于生活用热水，不是直接从热交换器中获得，而是通过专门的板式换热器取得。当需要使用生活热水时，三向切换阀将暂时切断采暖用热水的供应，而使热水流过板式换热器让其发热，然后再回到循环水泵。生活用水从冷水口进入，在板式换热器中吸收热量变成热水，从生活热水口流出。生活用水管路与采暖用水管路在板式换热器中是分开独立的管路，在这里仅仅进行热量的交换。

取暖部件可以是暖气片，也可以是暖风机盘管或地板盘管等（图4-18）。地板盘管以温度不高于60℃的热水为热媒，在埋置于地面以下填充层中的加热管内循环流动，加热整个地板，通过地面以辐射和对流的热传递方式向室内供热。一般地暖部分总高度为 4~6cm，加热到18℃需要 3 到 4 个小时，地暖管设计寿命一般为 30 年。

安装地板盘管时，要考虑到盘管的冷热均匀搭配。因为盘管入口水温高，出口水温低。另外，房间内人员活动多的地方，地板下的盘管可适当密一些，活动少的地方盘管可适当疏一点。总之，安装取暖部件时要考虑周全一点，争取取暖效果更好一些。

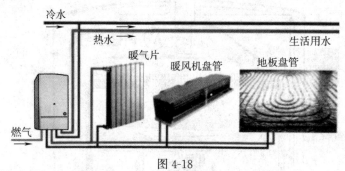

图 4-18

图 4-19 是地板盘管在实际施工中的例子。

图 4-19

图 4-20 是一只壁挂炉在供暖状态下的工作原理图。

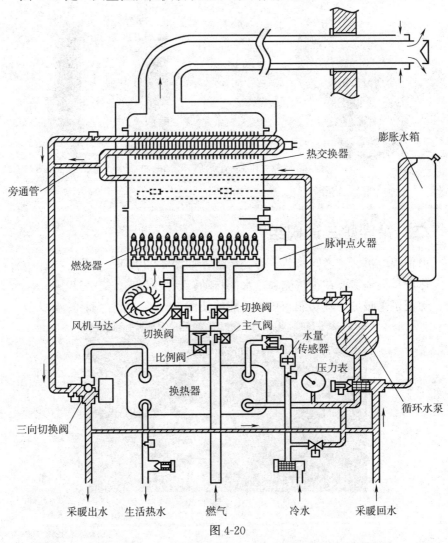

图 4-20

图中标注：膨胀水箱、热交换器、旁通管、脉冲点火器、燃烧器、切换阀、风机马达、切换阀、主气阀、水量传感器、比例阀、压力表、换热器、循环水泵、三向切换阀、采暖出水、生活热水、燃气、冷水、采暖回水

第五节　采暖炉的几个关键部件

一、膨胀水箱

　　膨胀水箱能缓冲采暖管道内的水因受热冷却后容积发生变化。膨胀水箱是一个钢板焊制的容器，膨胀水箱内一半是水胶囊，另一半是气体。在膨胀水箱

一端注入氮气，当另一端水容积变化时自动对氮气进行压缩（图 4-21）。

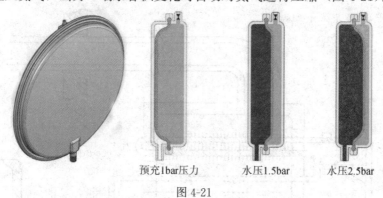

预充1bar压力　　水压1.5bar　　水压2.5bar

图 4-21

二、采暖炉三通阀组

由伺服电机、三通阀阀芯、外壳组成，如图 4-22 所示。
作用是根据需要在供暖侧和热水侧自动转换，
保证了采暖炉供暖功能和热水功能的使用。

图 4-22

三、采暖炉副热交换器

组式换热器（2 板次换热），用生活用水时走内循环将主热交换器烧出的高温
水在副热交换器将热量传给生活用水，从而达到恒定温度的生活用水（图 4-23）。

四、采暖炉自动旁通管

当出水口和入水口的压差大于弹簧产生的压力时，旁通阀打开，采暖出水
从旁通管流回水泵处（图 4-24）。

图 4-23

旁通阀打开状态

图 4-24

用于维持采暖炉内部的最小水循环流量，并消耗循环泵对采暖系统有可能产生的过高的压头，（如采暖系统中的阀门处于很小开度上或者外接系统堵塞时候）。

当出水口和入水口的压差小于弹簧产生的压力时，旁通阀不打开，旁通管内没有水流过（图 4-25）。

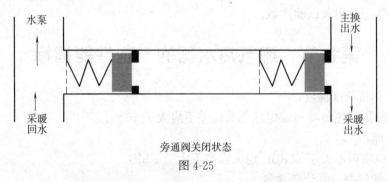

旁通阀关闭状态

图 4-25

五、分段燃烧（电磁阀）

根据水量传感器、热水温度传感器检测出的水流量和热水器温度，以及与设定温度的差距，在微电脑的控制下进行最适宜状态切换（图4-26）。

分段燃烧

图4-26

第六节　关于《燃气采暖热水炉》标准

GB 25034—2010《燃气采暖热水炉》标准对燃气采暖热水炉在使用寿命，节能指标，环保指标等各方面都提出了更加严格的要求。

如采暖额定热输出是用户选型依据的主要指标之一，同时也是企业市场定价的主要依据。标准规定采暖实际热输出应大于等于采暖额定热输出。

又如标准将标准采暖热效率合格值提高了6个百分点。同时采暖热效率合格值不是定值，它是动态的。随着采暖热输出的提高采暖热效率合格值也相应提高，30kW的机器采暖热效率合格值为87％，100kW的采暖热效率合格值为88％。能耗越高的产品采暖热效率应该越高，符合国家的节能政策。

同时在制定标准时就充分考虑了器具在实际使用过程中可能遇到供气压力不稳定、燃气气质波动等不利因素对烟气中一氧化碳含量的影响。严格限制了在各种情况下的排放指标，更有利于环保。

另外，因为耐久试验次数的多少直接影响了壁挂炉的使用寿命，因此《燃气采暖热水炉》规定的零部件耐久试验次数远远高于《家用燃气快速热水器》规定的零部件耐久试验次数。

第七节　燃气热水器的一些性能指标

1. 热负荷准确度

实测折算热负荷与额定热负荷偏差不应大于10％。

2. 噪声

燃烧噪声不大于65dB；熄火噪声不大于85dB。

3. 烟气中一氧化碳含量

烟道式、强排式不大于0.06％；平衡式、强制给排气式、室外式不大于0.10％。

4. 排烟温度

应不低于 110℃，且无冷凝水滴落。

5. 表面温度

操作时手必须接触的部位应不大于 30K；操作时手可能接触的部位应不大于 65K；操作时手不易接触的部位应不大于 105K；燃气阀体应不大于 50K；软管接头应不大于 20K；点火装置应不大于 50K；干电池表面应不大于 20K；稳压器表面应不大于 35K；安装热水器的墙壁或台面应不大于 65K。

6. 点火装置

无风状态，连续启动 10 次，着火次数应不小于 8 次，失效点火不应连续发生 2 次，且无爆燃现象。有风状态，连续启动 10 次，着火次数应不小于 5 次，且无爆燃现象。

7. 熄火保护装置

点火燃烧器控制：开阀时间不大于 45s，闭阀时间不大于 50s；主火燃烧器控制：开阀时间不大于 10s，闭阀时间不大于 10s。

8. 热水产率

不小于设计值的 90%。

9. 热水温升

不大于 60K。

10. 停水温升

不大于 18K。

11. 加热时间

不大于 35s。

12. 热水温度稳定时间

不大于 60s。

13. 热效率

（按低热值）额定热负荷时，不小于 84%。

14. 电气绝缘性能

500V 电压下绝缘电阻不小于 2MΩ。

【思考题】

1. 什么是文丘里管？利用文丘里管的压差式水气联动控制原理是怎样的？

2. 什么是二次压？如何调整二次压？

3. 能大致看懂燃气热水器的工作流程图吗？

4. 对供暖式燃气热水器的基本原理了解吗？

第五章 各种热水器的特点

　　各厂家生产的燃气热水器，基于对各种因素的考虑，都会有各自的一些特点。如上海林内公司、杭州松下住宅电气设备公司、上海能率公司等都生产了多种类型的强制排气式和强制给排气式热水器，它们都各有各的特点，下面仅列举几个分别进行说明。

第一节 松下 10E3C 热水器

　　这款热水器与前面介绍的松下 10 升机大同小异，增加了"冬夏切换"功能，在自来水温度较高的季节使用起来更加舒服。其内部结构如图 5-1 及图 5-2 所示，增加的主要部件是切换电磁阀和切换开关。切换开关的按钮露在面板上，可方便进行操作。

　　喷嘴座上的喷嘴分为两组，用切换电磁阀来进行控制。当面板上的切换开关置于"冬"位置时，电脑让切换电磁阀通电吸合，所有喷嘴都供气工作，这时的状态与原来的 10 升机一样。当面板上的切换开关置于"夏"位置时，电脑让切换电磁阀断电，在切换电磁阀内弹簧的作用下电磁阀铁芯复位，安装在它头部的橡胶密封垫将通往里面一半喷嘴的供气孔堵塞，只剩外面的一半喷嘴工作，热水温度可以大幅下降。

　　有关切换电磁阀部分的动作程序如图 5-3 所示，即：如果切换开关置于"冬"（是），则切换电磁阀通电；如果切换开关不是置于"冬"（否），则切换电磁阀不通电，直接进入下个程序——燃烧用风机通电。

　　其他程序仍然与原来的 10 升机一样。

　　如果在热水器使用过程中将"冬—夏"切换开关进行了切换，电脑要对系统重新进行复位，因此将会有 5s 左右的停顿。

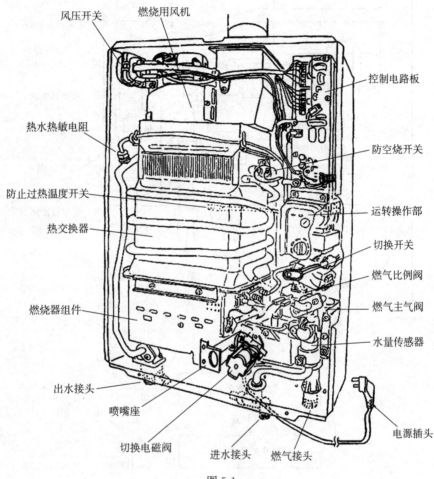

风压开关　　燃烧用风机

控制电路板

热水热敏电阻

防空烧开关

防止过热温度开关

运转操作部

热交换器

切换开关

燃气比例阀

燃气主气阀

燃烧器组件

水量传感器

出水接头

喷嘴座

电源插头

切换电磁阀　　进水接头　燃气接头

图 5-1

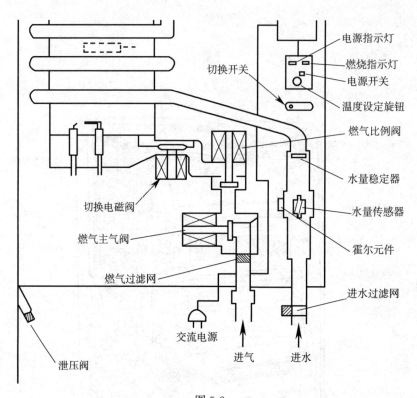

图 5-2

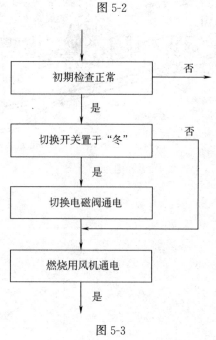

图 5-3

第二节　林内强制给排气式 10 升机

林内一款强制给排气式 10 升机的工作原理如图 5-4 所示。

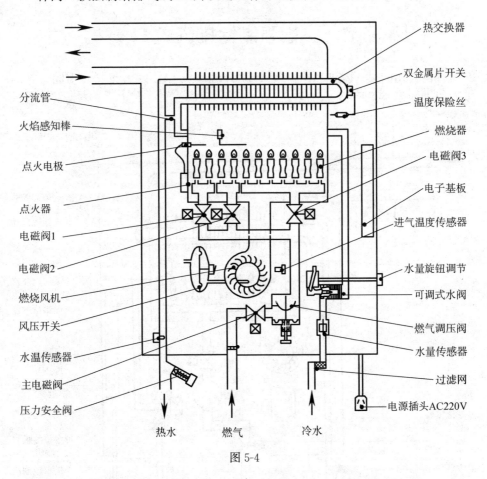

图 5-4

在这里，燃烧风机不是放在上方，而是放在下方，即属于鼓风式，它对于燃烧室的密封性要求就比较高。风机组件同样也加有风压开关这一安全保护装置，同时在风机进空气口处还安装了一个温度传感器，测量空气的温度，保证更理想的燃烧。

在水路中也使用水量传感器来发信号，控制热水器的启动和关闭。另外，还采用了可调式水阀，通过面板上的旋钮可手动调节水量，从而改变出水温度。同时，在热交换器附近接了一只分流管，可让少部分冷水不经加热而直接加到热水中，以期夏天得到较低温的热水。

在气路中虽然没有使用燃气比例阀进行控制，但采用了一只调压阀，可用手动调节燃气压力，改变火力大小。同时还使用了三只切换电磁阀，通过电脑对燃烧器（火排）进行分段控制，加大了热水温度的调节范围。

第三节　林内强制给排气式 11 升机

林内公司的另一款强制给排气式 11 升机，与上述 10 升机又有不同，它的工作原理如图 5-5 所示。

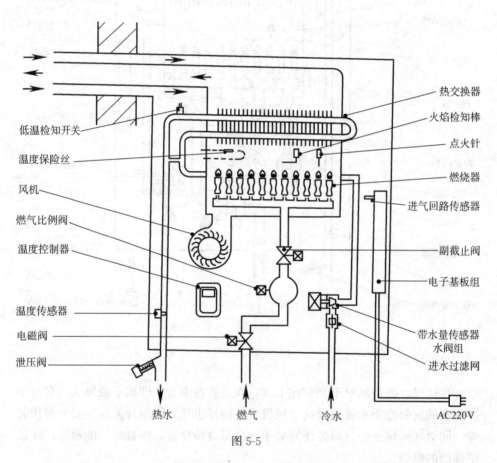

图 5-5

它也是鼓风式，但在这款热水器的气路中就使用了燃气比例阀进行控制。在它的水路中也使用了水量传感器来发信号，在热交换器的出口处还设置了一只低温检测开关，目的是当冬天水温接近冰点时，自动启动电加热装置，防止热水器中的水冻结。另外，"带水量传感器水阀组"的作用是，根据用户设定的出水温度，自动调节出水量。

第四节　能率公司的室外机

1. 概述

上海能率公司的室外机从 11 升到 16 升有多种机型。因为是室外机，具有防冻、防雨及防风功能，在寒冷的冬季、下雨天和刮风天气里，都能正常使用。

可连接遥控器进行操作，11 升机接一只遥控器和一只厨房控制器；16 升机可配三只（一只厨房、两只浴室），特别适合于"一厨两卫"的住房情况使用。遥控器上设有优先设定温度的开关，还设有一只"传呼开关"，在浴室洗澡中如需要某件必需品或身体感觉不适，可利用它及时通知家人。遥控器最长连接距离为 50m，浴室用遥控器为防水型。为防止遥控器待机时消耗电力，停止使用热水约 10min 后，显示画面消失；再次使用时，显示画面节电状态解除。

温度设定范围为 37~48℃，还有 60℃ 及 75℃ 的高温区，以满足用户的不同需要。

机内的微电脑控制系统合理地协调空气量和燃气量（燃烧中火力自动进行切换），并通过高负荷的燃烧装置和热交换装置，快速准确地达到设定的热水温度。水量调整时或同时多处用水时，都能快速恒定出水温度。安装有形状记忆合金元件，能根据进水温度的变化自动调节出水量，确保一年四季大范围温度调节的需求。

能率 GQ-1140W 型 11 升机室外机的结构如图 5-6 所示，工作原理如图 5-7 所示。

2. 操作步骤及动作过程

（1）使用

①按操纵器的"运转开关"，指示灯亮。

②将使用的水阀打开，水量传感器检测出水流量达到最低动作水流量以上后，风机进行一定时间的前扫，然后打开燃气电磁阀，点火装置进行点火，开始燃烧。

③防熄火保护装置（感应针）检测到火焰后，点火装置停止点火。

④通过温度调节开关调节温度，根据所选择的温度，对出水温度进行控制。

⑤关闭正在使用的热水阀。

⑥水量传感器检测出水流量降到最低启动水流量以下时，燃气电磁阀关闭，熄火，进行一段时间的清扫后，运转停止。

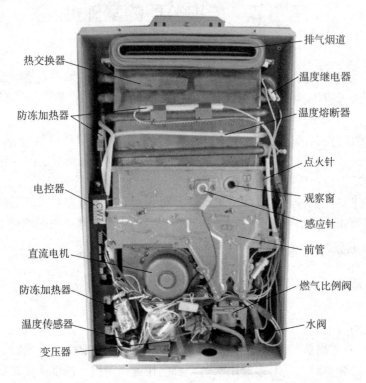

热交换器

防冻加热器

电控器

直流电机

防冻加热器

温度传感器

变压器

排气烟道

温度继电器

温度熔断器

点火针

观察窗

感应针

前管

燃气比例阀

水阀

图 5-6

⑦使用结束后，按操纵器的"运转开关"指示灯熄灭。

（2）报警　如果熄火保护装置没有检测到火焰，或者防空烧安全装置动作时，燃气电磁阀将被关闭，燃烧器熄火，显示器将显示安全装置动作。安全装置动作复位时，要将遥控器开关关闭后再一次打开运转开关。过热防止装置或其他安全装置动作时，燃气电磁阀也将关闭，燃烧器熄火，运转停止。

3. GQ-1140W 系列工作流程图如图 5-8 所示。

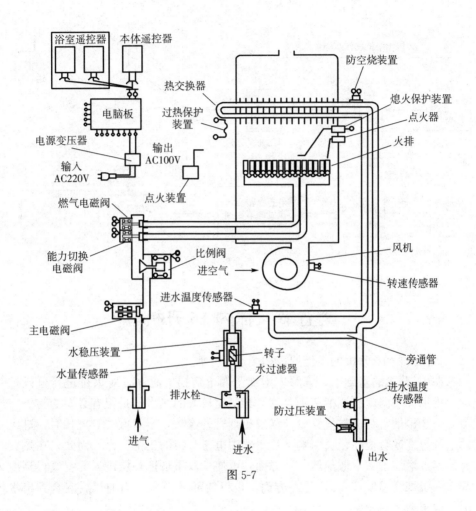

浴室遥控器　本体遥控器

防空烧装置

热交换器

熄火保护装置

电脑板

过热保护装置

点火器

电源变压器

火排

输出 AC100V

输入 AC220V

点火装置

燃气电磁阀

能力切换电磁阀

比例阀

进空气

风机

进水温度传感器

转速传感器

主电磁阀

水稳压装置

转子

水量传感器

水过滤器

旁通管

排水栓

防过压装置

进水温度传感器

进气

进水

出水

图 5-7

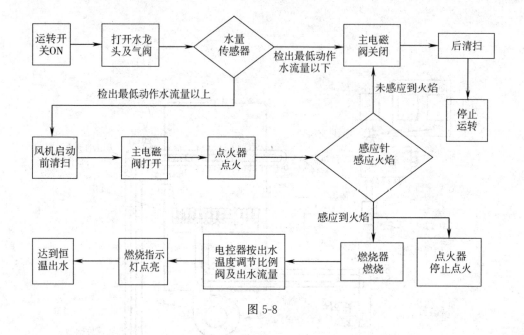

图 5-8

第五节　林内 16 升机

林内公司 16 升机的工作原理如图 5-9 所示。

在 11 升机的基础上，气路中增加了两个切换电磁阀，对火排进行分段控制，更加大了温度的调节范围，这对容量比较大的热水器是很有必要的。

由于排烟管与进空气管设计成双重烟管的缘故，当双重烟管较长时，进入的空气温度就会很高，会影响到热水器中电子基板的正常工作，因此，在热交换器附近增加了一个散热器。一方面，可使从双重烟道外层进入的空气得到冷却（内层烟气温度较高），另一方面，也可使部分冷水适当加热后混合到出水中去，提高了热效率。

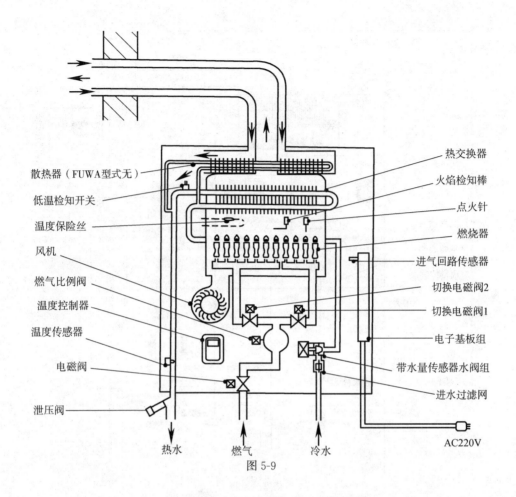

散热器（FUWA型式无）
低温检知开关
温度保险丝
风机
燃气比例阀
温度控制器
温度传感器
电磁阀
泄压阀

热交换器
火焰检知棒
点火针
燃烧器
进气回路传感器
切换电磁阀2
切换电磁阀1
电子基板组
带水量传感器水阀组
进水过滤网

热水　　燃气　　冷水　　　　　AC220V

图 5-9

第六节　松下 16 升机

松下公司 16 升机的工作原理如图 5-10 所示。

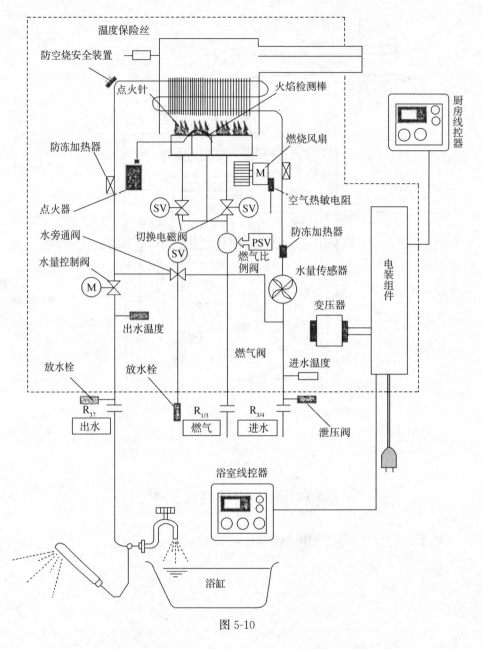

温度保险丝
防空烧安全装置
点火针
火焰检测棒
防冻加热器
燃烧风扇
点火器
空气热敏电阻
水旁通阀
切换电磁阀
防冻加热器
水量控制阀
燃气比例阀
水量传感器
电装组件
变压器
出水温度
厨房线控器
放水栓
放水栓
燃气阀
进水温度
泄压阀
R_{37}
出水
$R_{1/3}$
燃气
$R_{3/4}$
进水
浴室线控器
浴缸

图 5-10

与 8 升机、10 升机及 11 升机相比，由于容量增大的需要，采取了不少新的措施。例如：

（1）水路中不但使用了旁通管，还使用了一只旁通阀，只在低温时才打开这只旁通阀。这不但可增加供水量，另一方面，一旦用户需要高温热水，电脑会立即发出指示关闭旁通阀，使热水温度马上升高。此外，将热交换器维持在一定的高温状态，对延长热交换器的寿命有好处。

（2）水量大小无须人工调节，是采用水量控制阀来进行自动调节，而水量控制阀采用步进电机来带动。

（3）对进水及出水温度都进行测量并参与控制，综合了前控和后控的优点。用进水温度进行控制（又叫 FF 控制），反应比较快；用出水温度进行控制（又叫 FB 控制），比较安全。同时采用出水及进水温度进行控制又称之为"FB＋FF 控制方式"。

图 5-11 表明了旁通阀、水量控制阀、进水及出水温度测量元件的位置。

图 5-11

（4）在使用比例阀的基础上，还增加了两只切换电磁阀，对火排进行分段控制，使火力调节范围更大。

（5）采用浓淡燃烧的燃烧器结构（详见"燃气基础知识"一章），既保证了足够的热负荷，又将烟气中的氮氧化合物含量降至很低，达到 0.006％以下，保护了大气环境。

（6）在风机的进风口附近安装了一只温度传感器，对将进入燃烧室的空气温度进行测量，保证更理想的燃烧。

（7）使用线控器进行控制，有厨房用线控器及浴室用线控器两种。浴室用线控器上设置了一个优先开关，按下这只开关后，浴室可优先设定热水的温度，这时厨房用水只能跟随使用这个温度（图 5-12）。这样做的好处是：浴室有人洗澡时，外面的人不能随便改变他已经设定好的温度。

图 5-12

（a）厨房线控器　（b）浴室线控器

（8）进行适当的操作后，可从线控器显示器的数字代码中了解热水器运行中的各项参数，以及发生故障时故障的部位，这将给维修人员带来极大的方便。

第七节　能效等级及冷凝式燃气热水器

全球能源短缺的问题将日益突出，我国也不例外，因此国家倡导要建设节约型社会。耗能的燃气具行业当然也应该积极配合，比如在燃气热水器中要采取有效措施提高热效率，降低能耗。2015 年 5 月 15 日，中华人民共和国国家质量监督检验检疫总局和中国国家标准化管理委员会 2015 年第 15 号文联合批准发布《家用燃气快速热水器和燃气采暖热水炉能效限定值及能效等级》（GB 20665—2015）为强制性国家标准，自 2016 年 6 月 1 日起实施。

表 5-1　　　　　　　　　　热水器和采暖炉能效等级

类　　　型		最低热效率值 η/％		
		能效等级		
		1 级	2 级	3 级
热水器	η_1	98	89	86
	η_2	94	85	82
采暖炉　热水	η_1	96	89	86
	η_2	92	85	82
采暖炉　采暖	η_1	99	89	86
	η_2	95	85	82

注：能效等级判定举例：
例 1：某热水器产品实测 η_1＝98％，η_2＝94％，η_1 和 η_2 同时满足 1 级要求，判为 1 级产品。
例 2：某热水器产品实测 η_1＝88％，η_2＝81％，虽然 η_1 满足 3 级要求，但 η_2 不满足 3 级要求，故判为不合格产品。
例 3：某采暖炉产品热水状态实测 η_1＝98％，η_2＝94％，热水状态满足 1 级要求；采暖状态实测 η_1＝100％，η_2＝82％，采暖状态为 3 级产品；故判为 3 级产品。

新版标准与 2006 年版相比主要变化如下：

新版能效标准沿用了旧版国标的 3 级分级原则（表 5-1），但是对能效指标热效率值进行了调整，各个级别的最低允许能效指标由原来固定的针对额定负荷和部分负荷热效率的单一限值，变为只限定这两个热效率值的较大值和较小值的下限。

另外，试验方法中除了要按 GB 6932《家用燃气快速热水器》的要求进行外，还增加了按 GB 25034《燃气采暖热水炉》、CJ/T 336《冷凝式家用燃气快速热水器》和 CJ/T 395《冷凝式燃气暖浴两用炉》的相关要求进行的内容。

提高热水器热效率的方法有多种,其中一个非常有效的方法是设计为冷凝式燃气热水器。

历来设计和使用的燃气热水器,其热效率只做到 80%。也就是说只有80%的热量利用上了,还有 20%的热量,大部分被温度为 100～200℃的废气(烟气)所带走。为什么要让烟气的温度那么高?主要是防止烟气中的水分变成冷凝水流入热水器内部及管路。因为冷凝水有强酸性,如果流入热水器内部及排水管路,将会污染甚至腐蚀有关设备及环境。

如何充分利用烟气所带走的那 20%的热量,提高燃气热水器的热效率,是燃气具行业一个时期以来所一直关注的,这也就是冷凝式燃气热水器的开发问题。

在日本最早开发燃气具的公司之一的高木产业株式会社,早些年就已经生产了冷凝式燃气热水器。如图 5-13 所示,让冷水先经过位于烟气部位的"二次热交换器"预热后,再进入通常的热交换器即"一次热交换器"加热。这样,将烟气所带走的那 20%热量进行了回收再利用,总的热效率可提高到95%,大大节约了能源。为此,高木产业连续数年都荣获了日本的节能大奖。

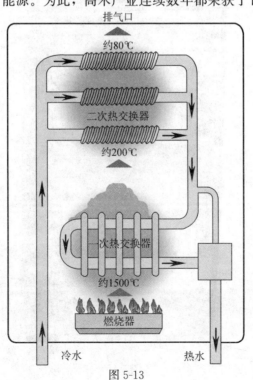

图 5-13

但这里必须同时处理好冷凝水的问题。为此，高木产业在这种冷凝式热水器内设置了一只中和器（图 5-14），将冷凝水先中和后，再排放到排水管路中，中和器的使用寿命大约为15 年。

图 5-14

国内一些厂家也开发了冷凝式燃气热水器，使热水器的热效率大为提高，同时有的在热水器内部也采用了中和处理技术。图 5-15 是万家乐一款冷凝式热水器的结构图，他们将"一次热交换器"和"二次热交换器"分别叫做"显热热交换器"和"潜热热交换器"。

因此，在开发冷凝式燃气热水器提高热水器热效率的同时，一定要妥善处理好冷凝水的问题。否则，虽然降低了能耗，但另一方面却又污染了环境，这不是我们的目的。

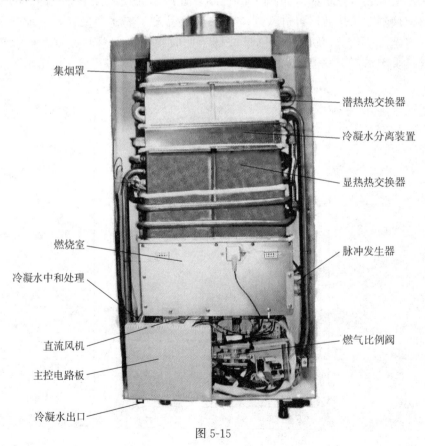

集烟罩
潜热热交换器
冷凝水分离装置
显热热交换器
燃烧室
脉冲发生器
冷凝水中和处理
直流风机
燃气比例阀
主控电路板
冷凝水出口

图 5-15

国家城建部门就冷凝式热水器专门制定了城镇建设行业标准（CJ/T 336—2010）。其中规定了燃气种类代号和额定供气压力（表5-2）、按给排气方式分类（表5-3）及冷凝式热水器的型号编制等。

表5-2 燃气种类代号和额定供气压力

燃气种类	代号	燃气额定供气压力/Pa
天然气	10T、12T	2000
液化石油气	19Y、20Y、22Y	2800

表5-3 按给排气方式分类

名称		分类内容	简称	代号
室内型	强制排气式冷凝热水器	燃烧所需空气取自室内，在风机作用下用排气管将烟气排至室外	强排式	Q
	强制给排气式冷凝热水器	给排气管接至室外，利用风机强制进行给排气	强制给排式	G
室外型冷凝热水器		只可以安装在室外的冷凝热水器	室外型	W

冷凝式热水器的型号编制。

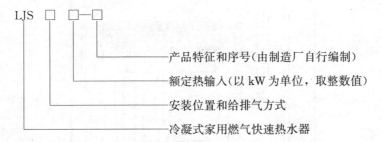

另外，CJJ 12—2013《家用燃气燃烧器具安装及验收规范》中还对冷凝式热水器的相关安装规定：

冷凝式燃具的烟道系统应符合下列要求：

（1）烟道系统的类型应为强制排气式或强制给排气式。

（2）烟道风帽距墙壁和门、窗洞口的距离应能防止烟气中的水蒸气对周围环境的危害。

（3）烟道系统的材料应能适应弱酸性的冷凝液。

（4）烟道系统应有收集和处理冷凝液的措施；未经稀释或处理的冷凝液不得直接派入建筑物的下水道（耐腐蚀的非金属系统下水道除外）。

有的厂家在宣传冷凝式燃气热水器时，说其热效率大于100%，这似乎是违背能量守恒定律的。其原因是因为我国国家标准计算热效率时，是以显热的被利用程度为依据，并未将潜热考虑进去。因此，在计算热效率的公式中，现在如果分母部分仍然采用显热，而分子部分则采用显热加潜热（因为现在潜热已经被利用起来），这样热效率就有可能大于100%。

第八节　大容量热水器

现在国外10升机及以下容量的热水器使用已不多，大都使用16升机、20升机及24升机甚至更大的热水器。小容量的热水器只装在厨房专门用来洗手、洗碗等，不用于洗澡。图5-16就是日本高木产业的16升机、20升机及24升机的动作原理示意图。

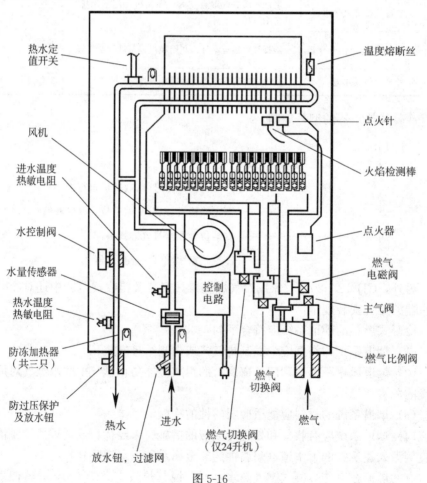

图 5-16

与小容量燃气热水器相比，其基本原理及主要构造并无太大变化。在这类热水器中，燃烧器（排）的数量有所增加，并根据用水量多少让燃烧器分段燃烧，通过电脑对一个电磁阀及两个切换阀进行控制（其中一个切换阀只在 24升机时起作用）。风机的转速也随着燃烧所需要的空气量自动进行调节，提高了热效率，降低了能耗。

其他部分的构造和原理与前面叙述的许多类型相似。如在水路系统也使用了水量传感器发信号，用两只热敏电阻分别测量进水和出水温度，还加了三只防冻加热器，在进水和出水水管间加有旁通管。气路中也使用了燃气比例阀进行控制，用火焰检测棒检测火焰等。

第六章 燃气具中的一些
关键部件及测量工具

第一节 关键部件

一、燃气比例阀

燃气热水器中的气阀组件由主气阀和比例阀两部分组成,如图6-1所

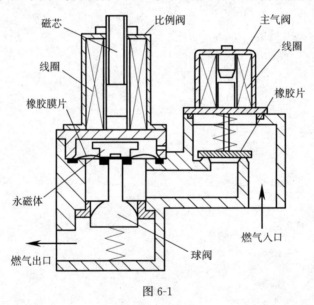

图 6-1

示,它们是控制电路的执行元件。虽然主气阀和比例阀都是电磁阀,但它们的功能不同。主气阀仅仅起开关作用,给它通电时,气阀打开,燃气通过;断电时,气阀关闭。而比例阀则不同,除了通电时气阀打开,断电时气阀关闭外,气阀打开的程度(开度)将随电磁线圈中通过电流的大小而变化。此外,比例阀中的橡胶膜片还起到稳压的作用,其原理与液化石油气钢瓶减压阀类似。当入口燃气压力升高引起气阀输出压力升高时,橡胶膜片也因此往上部移动,使

球阀上升，气阀开度变小，燃气流动阻力变大，气阀输出压力下降，恢复到原来的设定值。入口燃气压力变小时的调节过程与此相反，但最后也是恢复到原来的设定值。这样，燃气气源的压力在一定范围内的变化，都因为比例阀的存在而得到了自动调节，比例阀起到了稳压的作用。

当然，比例阀更主要的作用是它的比例调节功能。它的工作原理是这样的：

当比例阀的电磁线圈流过控制电流时，它将产生一个电磁力，并且要让这个电磁力的方向与下部永磁体的磁力方向相反，互相排斥（做到这一点并不难，只要注意电磁线圈两端电压的正负方向）。因此，永磁体及球阀在电磁线圈的磁力作用下将被推动往下移动，使气阀打开，有燃气输出。电磁线圈中流过的控制电流越大，排斥力越大，气阀的开度也越大，输出的燃气量也越多。这就意味着：可以通过调节电磁线圈中电流的大小来调节气阀输出的燃气量。

图 6-2 是使用液化石油气时，通过改变流过电磁线圈电流 I 的大小，测量到的输出燃气量 V 和输出燃气压 p 的变化曲线。从图可以看到，燃气量 V 与电流 I 之间有着很好的线性关系，也就是比例关系。因此，这个气阀就叫做燃气比例阀。

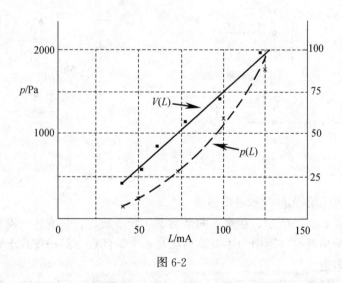

图 6-2

注意：

①比例阀上部的调节螺丝在出厂时已经调节好，维修中尽量不要去动它。

②比例阀电磁线圈外接电源时有方向性，注意不能接错。

二、水量传感器及水流开关

（一）水量传感器

水量传感器由恒磁性的转子及磁传感器两部分组成，一般磁传感器采用磁阻元件（MR）或霍尔元件。

1. 采用磁阻元件的水量传感器

磁阻元件是电阻值随外部磁场的变化而变化的一种元件，它由化合物半导体或强磁金属做成。常用的化合物半导体有锑化铟（InSb）和砷化镓（GaAs），常用的强磁金属有镍铁合金（Ni-Fe）和镍钴合金（Ni-Co）。一般化合物半导体呈正磁特性（磁场强度增加时电阻加大），而强磁金属呈负磁特性（磁场强度增加时电阻减小）。将磁阻元件接入电路中，当水流带动恒磁性的转子转动时，在磁阻元件上得到相应的电压变化信号。磁阻元件可以使用一个〔见图 6-3（a）〕，也可以使用两个以上〔见图 6-3（b）〕。使用两个以上的好处是温度变化的影响可互相抵消。

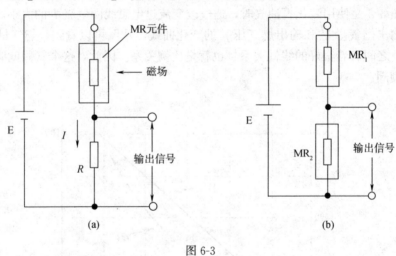

图 6-3

2. 采用霍尔元件的水量传感器

如图 6-4（a）所示。在水流的带动下，转子旋转。每旋转一周，有几个最高点及几个最低点（图中为 4 个最高点及 4 个最低点）经过安装于铜外壳上的霍尔元件附近。

霍尔元件是一种磁感元件，是利用电流磁效应（霍尔效应）的元件。如图 6-5 所示，让半导体中流过电流 I_H，并在垂直方向加上磁通 B，则在另两个输出端子 $c—d$ 之间会产生电动势 V_H。该电动势 V_H 依存于磁通 B 而存在，一般将 V_H 叫霍尔电压。

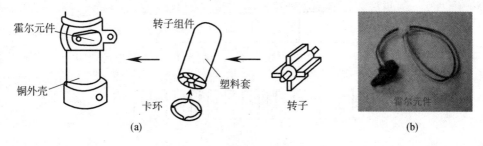

图 6-4

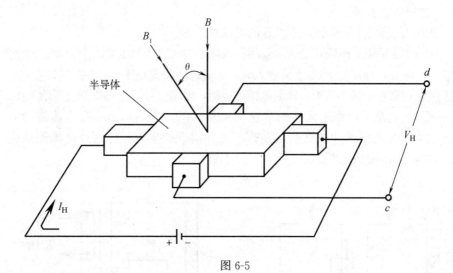

图 6-5

霍尔电压与半导体元件（在这里叫霍尔元件）的厚度、磁通入射面的夹角 θ、磁通 B 的大小及电流 I_H 大小等有关。如果半导体厚度一定，电流 I_H 一定，霍尔电压就取决于外部磁通的大小。

在实际使用中，往往将霍尔元件与放大电路等一起做成霍尔集成元件。

现在在水量传感器中，转动中的转子对霍尔元件来说就是一个变化的磁通。这变化的磁通使霍尔元件产生一个变化的霍尔电压，经过电路处理后，就得到一串脉冲电压。水压越高，转子转动越快，通过霍尔元件发出的脉冲数就越多，以此来确定进入热水器的水量的多少。

图 6-6 就是从一个水量传感器的输出端测量到的波形图。图 6-6（a）是水流量为 2L/min 时的波形，图 6-6（b）是水流量为 10L/min 时的波形。

水量传感器的精度一般在 ±10％之内。安装位置应该避免受到外部磁场的干扰。

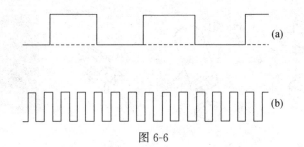

图 6-6

（二）水流开关

水流开关的结构比水量传感器稍微简单一些。

图 6-7 是采用水控磁开关的示意图。水流未进入时活动盖关闭，干簧管的电接点断开 ［图 6-7（a）］。当有水流进入时，水流将活动盖冲开 ［图 6-7（b）］。活动盖上的磁铁靠近干簧管，干簧管的电接点接通，发出信号，使燃烧系统开始工作。

图 6-8 则是采用霍尔元件的水流开关示意图。当热水器中有水流流动时，水流将开关中的磁铁冲往管壁，在霍尔元件附近产生磁场。通过电流磁效应，在霍尔集成元件的输出端发出信号，使燃烧系统开始工作。

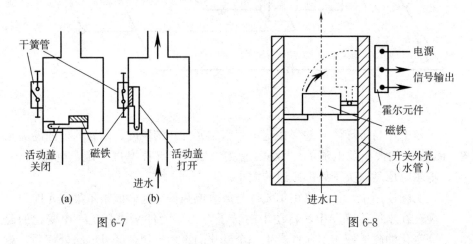

图 6-7　　　　　　　　　　　　　　　　　图 6-8

三、熄火保护、火焰检测棒

在早期开发的比较简单的热水器中，检测火焰是否存在，即是否熄灭，与灶具中一样也使用热电偶。图 6-9 是一个采用热电偶的熄火保护装置的结构示意图。工作正常时，小火火焰一直将热电偶烤着，热电流产生的电磁力使衔铁与铁芯保持吸合状态，燃气畅通。如果火焰熄灭，电磁力消失，在弹簧力的作用下衔铁与铁芯脱开，密封垫将燃气通道切断。

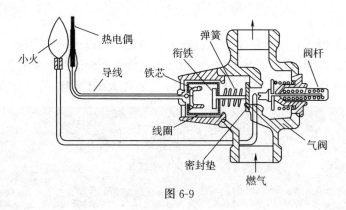

图 6-9

但热电偶的热惯性比较大，打开和关闭气阀的时间比较长，不能适应热水器的要求。因此在以后的发展中，大多采用火焰检测棒这种离子器件。火焰检测棒是由不锈钢、铁铬铅合金等耐热金属构成，耐热温度在 1100℃ 以下。与其他火焰检测装置相比，它不但可检测火焰是否存在，还可以检测火焰的高度及强度。

火焰检测棒的大致工作原理是这样的：

在燃烧器的火焰中，某些高能粒子相互碰撞发生电离，这就是热电离。因此，火焰中存在正负两种离子［见图 6-10（a）］，在外界未加电压的情况下，这些离子的运动将是杂乱无章的。如果在电极与燃烧器间加上一个交流电压，且先假设电极上加的是负电压［见图 6-10（b）］，那么，因为插入火焰中的电极的表面积与燃烧器的表面积相比要小得多，又因正离子移动困难，它几乎不能到达表面积很小的电极，因此这时电极中仍将没有电流流过。如果电极上加的是正电压［见图 6-10（c）］，则负离子（电子）向电极移动容易，正离子移动虽然困难，但仍然能够到达表面积很大的燃烧器，因此这时电极中将有电流流过。所以，在电极与燃烧器间加的虽然是交流电压，但由于电极（火焰检测棒）的整流作用，将只允许电流从电极向燃烧器流动。

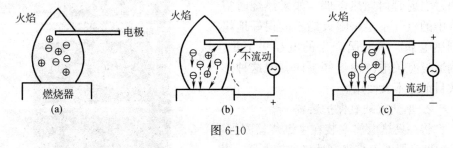

图 6-10

因此，燃烧器的火焰点着时，只要在电极与燃烧器间加有交流电压（一般为 200V 左右），就有电流从火焰检测棒中流过，并通过控制电路发出信号，且使火焰保持下去。

一旦火焰熄灭，因火焰中的正负离子也消失，流过火焰检测棒中的电流也就接近于零。控制电路关闭燃气主气阀及比例阀，切断通往燃烧器的气源。

火焰检测棒会有不同的形状，图 6-11 是两种火焰检测棒的实物照片。

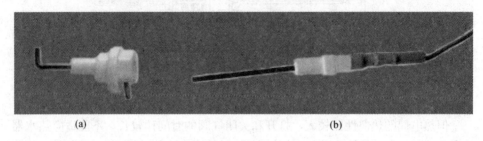

(a)   (b)

图 6-11

四、缺氧保护装置

燃气热水器在缺氧状态下工作时，会形成不完全燃烧，烟气中的一氧化碳含量大量增加，严重时会危及人的生命安全。与此同时，这时的烟气混入空气中，如果再次进入热水器参与燃烧，会使情况更加恶化。烟气中的一氧化碳急剧上升，火焰温度下降，开始出现离焰甚至脱火。为此必须设置缺氧（不完全燃烧）保护装置。

缺氧（不完全燃烧）保护装置的形式有几种，如引射管式、单偶式、双偶式、一氧化碳气敏元件式及火焰检测棒式等。

1. 引射管式缺氧保护装置

引射管式缺氧保护装置的大致结构如图 6-12 所示。从气阀中引出少量燃气通过引射管射向热电偶，如果燃烧时空气中的氧气不足，则火焰不能很好地烤到热电偶。热电偶产生的电动势不足，则通过有关电路使气阀关闭。但这种形式目前已不大使用。

2. 单偶式缺氧保护装置

将一只热电偶安装在主燃烧器附近，让主燃烧器的火焰很好地烤到热电偶。当热水器发生缺氧时，其火焰将伸长，火焰不能很好地烤到热电偶。缺氧到一定程度，

热电偶
燃烧器
引射管
点火针
进空气
引火管
气阀

图 6-12

热电偶产生的电动势不足，通过有关电路使气阀关闭。这就是单偶式缺氧保护。

3. 双偶式缺氧保护装置

也可以采用两只热电偶，一只仍然如单偶式一样安装在主燃烧器附近，另外一只安装在燃烧室上部。两只热电偶连接时，要让它们产生的电动势按照反方向连接，即电动势相减的方式连接，然后再输出信号。这就是双偶式缺氧保护。

4. 一氧化碳气敏元件式缺氧保护装置

一氧化碳气敏元件式利用了气敏元件对一氧化碳特别敏感，其阻值随一氧化碳含量变化而急剧变化这一特点，将信号放大后去控制有关电路，使热水器停止工作。

它往往与熄火保护装置相联结，当烟气中的一氧化碳含量达到某一数值时，控制电路将熄火保护装置的有关电路切断，使安全电磁阀释放，切断气源。

5. 火焰检测棒式缺氧保护装置

火焰检测棒除可检测火焰的有无（即是否熄火）外，也可检测是否缺氧。这是因为当缺氧（不完全燃烧）发生时，火焰也将不正常，会处于一种发飘状态（即伸长）。此时流过火焰检测棒的离子电流急剧变小，控制电路动作而关闭气源。这种形式目前使用得较多。

五、点火装置

灶具的点火前面已经说过，分为压电点火和脉冲点火两种方式。在热水器中则多使用脉冲方式点火，且一般将点火部件做成固定的组件形式，如图 6-13 所示。

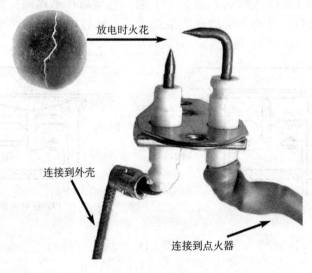

放电时火花

连接到外壳

连接到点火器

图 6-13

点火时，在靠得很近的点火针之间加上高电压，则强大的电场会使它们之间的空气瞬间发生电离（电场电离）。电荷通过这电离的空气在点火针之间形成电流。由于这个瞬间的电阻很小，因此电流也就很大。它产生了热，并发出爆裂声，同时发出明亮的线状放电火花。

如果这时点火针附近存在已经与空气混合的燃气，那么因放电电流在此瞬间释放的能量比较集中，它将引燃燃气，并很快将火焰传递到整个燃烧器（燃烧室）。

六、防热水温度过高及防空烧安全装置

热水温度过高会烫伤皮肤，热水器空烧会烧坏内部水管等。为防止热水器在无水状态下空烧，也为防止由于意外原因使热水温度过高，在热水器内部设置了防热水温度过高及防空烧安全装置。一般有两种方法。

1. 在热水器出水管附近安装一个温度敏感元件

该温度敏感元件在一般正常温度时，其电阻值接近于零。而当温度超过某一数值（如 $85\sim95℃$）时，元件的电阻值突然增大。通常将它串接在熄火保护装置中热电偶与安全电磁阀的连线中，当过热发生时，由于温度敏感元件的电阻值突然增大，电磁阀线圈内的电流急剧减小。与熄火保护装置的作用一样，这时将切断燃气通路。

2. 采用双金属片作敏感元件的装置

正常情况下，开关接点接通，控制电路使电磁气阀打开，燃烧正常进行［图6-14（a）］。有异常情况发生时，温度上升较高，双金属片慢慢变形，当达到设定的动作温度（如 $80℃$ 或 $95℃$）时，双金属片迅速向一侧突出，从而带动相连的触杆，并将下端的开关接点顶开，通过电气控制回路，使气阀关闭，燃烧停止［图6-14（b）］。

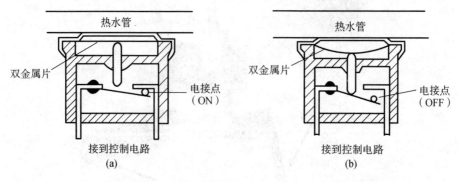

图 6-14

这种安全装置是可恢复性的，一旦温度恢复正常，开关接点又将接通。

七、过热防止装置

如果热水器的燃烧器组件附近发生问题（如框体烧破），火焰从燃烧器组件外溢，就可能发生重大安全事故。采用过热防止装置则可避免事故的发生。

这种装置使用的是一种温度熔丝，其熔断温度一般为163℃，如图6-15（a）所示。正常情况下，导线A通过内部的星形接点和外壳与导线B连接，电路工作正常。当安装处（一般在热水器框体后部）温度达到163℃时，熔丝内部的感温粉末熔化，并流入弹簧B处。弹簧B伸长，压力变弱，弹簧A压力大于弹簧B，使星形接点往左移动，星形接点与导线A的接触脱开，电流截止，电路便停止工作。如图6-15（b）所示。

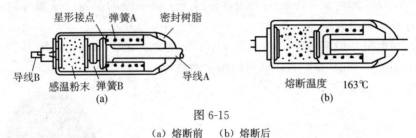

图 6-15

(a) 熔断前　(b) 熔断后

这种温度熔丝是不可恢复性的，一旦熔断，必须更换新的。

八、防水压过高安全装置

如果热水器的供水水压过高，有可能发生热水器内部水管爆裂的事故。为避免这类事故的发生，在热水器上设置了防水压过高安全装置。

这是一种溢流阀方式。管内水压正常［12kgf/cm^2（1.2MPa）以下］时，溢流阀内的橡胶块将进水口堵住，无溢流作用［图6-16（a）］。

若水管内水压过高，比如说达到15kgf/cm^2（1.5MPa）以上，溢流阀内橡胶块右面弹簧的压力不及左面的水压，因此橡胶块往右移动，自动打开溢流阀放水，使管内水压降低［图6-16（b）］。

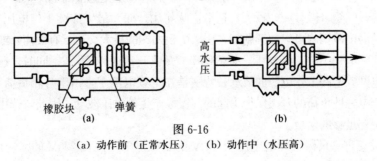

图 6-16

(a) 动作前（正常水压）　(b) 动作中（水压高）

这种溢流阀方式的安全装置是可恢复性的，一旦水压正常，橡胶块又在弹簧的压力下将进水口堵住。

九、压敏电阻（过电压保护器）

强排式热水器都要使用 220V 交流电源，交流电网中难免会出现一些浪涌电压。同时，电网也偶尔会出现一些电压过高的故障。如果没有保护，人员可能发生事故，控制电路可能发生损坏。

压敏电阻又叫过电压保护器或浪涌电压吸收器，有时也用符号 ZNR 来表示。它是由氧化锌（ZnO）为主要成分的金属氧化物构成，可吸收急剧变化的脉冲状浪涌电压。

它的反应速度快，吸收能力大，且对于正负极性的浪涌电压都可同样吸收。体积小，可靠性高。

压敏电阻一般都安装在热水器 220V 交流电源的入口处，如图 6-17（a）所示。图 6-17（b）是一只压敏电阻的实物照片。

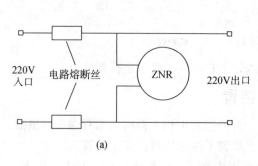

图 6-17

使用压敏电阻时，要注意有"压敏电压"及"最大连续工作电压"两个重要参数。在压敏电阻命名时，有的写明的是"压敏电压"，有的写明的则是"最大连续工作电压"。"压敏电压"一般理解为可承受的急剧变化的浪涌电压，这种浪涌电压出现的时间短（微秒或毫秒级）且不连续作用。而"最大连续工作电压"是指：在规定的温度范围内可以连续施加在压敏电阻两端的最大交流（有效值）或直流电压。在实际电路中的工作电压，必须低于"最大连续工作电压"。同时，还要充分考虑到电网或电路工作电压的波动。特别是在工频电网中，由于各相负荷不平衡、电容性或电感性负荷的开关操作引起的共振等产生的电压波动。因此，选用压敏电压时要留有足够的余量。

现设想有一只标明压敏电压为 470V 的压敏电阻，接在 220V 的交流电路中。

因为对于交流 220V 电压而言，其幅值也就 300V，长期加在这只 ZNR 上，ZNR 是不会损坏的。这时，这只压敏电阻的压敏电压为 470V，而它的最大连续工作电压则为 300V。如果交流电网电压出了问题，比方说由 220V 变成了 380V，其幅值超过 500V。这时，由于这只压敏电阻的最大连续工作电压只有 300V，ZNR 就会烧坏了。

ZNR 的损坏，一般表现为由发热到顶部裂口，严重时还有可能爆裂。

未损坏时，ZNR 呈现的电阻很大，相当于开路状态。一旦损坏，ZNR 呈现的电阻接近于零。这时交流电源电压被短路，热水器内部的保险丝将烧断。更换 ZNR 前，必须先查明并排除外部电网电压发生的故障，同时更换电路保险丝。

防雷击的保护装置也使用 ZNR，一般采用两只 ZNR 构成。

十、漏电保护器

使用 220V 交流电源的强排式热水器，为避免万一发生漏电时出现人身事故，要安装漏电保护器。漏电保护器的原理如图 6-18 所示。

无漏电发生时，流过两根电源线（零线及火线）中的电流相等，但方向相反，因此在感应环 ZCT 上的感应线圈中无电流产生，保护器不动作。

有漏电发生时，两根电源线中的一根电流加大，发生不平衡，这时感应线圈中有电流流过。此信号经过控制电路处理，在动作线圈中产生电流，使电磁铁动作，将串联在电源线中的开关片吸开，使电源断电。

平时，若按下检测用的按钮，也将模拟产生一个漏电电流，发生与上述过程相同的动作，可以用来检查漏电保护器动作的可靠与否。

图 6-19 是热水器中使用的一种漏电保护器，220V 交流电源先经过漏电保护器后再接入到热水器中。

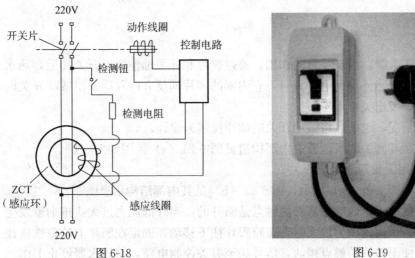

图 6-18

图 6-19

十一、风压开关

强排式热水器因采用风扇强制排出废气，因此抗大风能力比较强，一般在5~6级，有的甚至可达7~8级。

但外部风力更大时，为防止废气倒灌入室内，有的热水器在排烟道出口处附近安装有风压开关。它还可防止排烟道发生意外堵塞情况时废气流入室内。

常用的风压开关有两种，一种采用微动开关，另一种采用干簧管。

1. 采用微动开关的风压开关

外观如图6-20（a）所示，其结构原理如图6-20（b）所示。

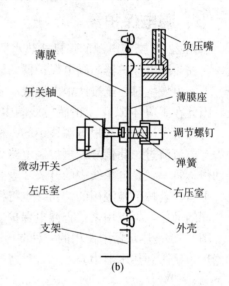

图 6-20

风力正常时，由于弹簧的作用，通过膜片和开关轴使微动开关接通，热水器正常工作。当外部风力过大时，它内部的膜片朝反方向移动并使微动开关的触点断开，发出关机信号。

根据情况，也可以将微动开关的动作反过来设计。

采用微动开关的风压开关内部构造见图6-21（a）及图6-21（b）。

2. 采用干簧管的风压开关

外观如图6-22（a）所示，图6-22（b）是其内部结构示意图。

正常情况下，内部干簧管的触点是断开的。当外部风力过大或排烟道发生意外堵塞、烟道内压力加大时，橡胶膜片往下移动，固定在膜片上的磁铁也往下移动，使干簧管的触点接通，信号送至有关控制电路，使热水器停止工作。

弹簧　　　　膜片

(a)

膜片　　　　微动开关触点

(b)

图 6-21

(a)

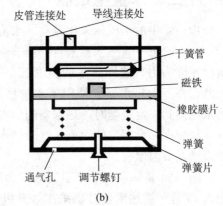

皮管连接处　　　导线连接处

干簧管

磁铁

橡胶膜片

弹簧

弹簧片

通气孔　　调节螺钉

(b)

图 6-22

位于下部的调节螺钉可适当调节膜片（即磁铁）与干簧管的距离，从而可改变风压开关动作的灵敏度。出厂时已经调好，平时轻易不要去动它。

十二、热敏电阻

热敏电阻由金属氧化物（如锰或镍的氧化物）为主体的半导体混合物烧结而成，一般有较大的负电阻温度系数，即温度升高，电阻值下降。热敏电阻体积小、成本低、寿命长，常用来作温度敏感元件。如在燃气热水器中，安装在进水或出水管处用来感应进水或出水的温度，再通过有关电路，将温度的变化变成电气控制信号。图 6-23 是热敏电阻的外观及其安装示意图。

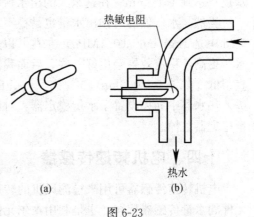

热敏电阻

热水

(a)　　　　(b)

图 6-23

(a) 热敏电阻外观　(b) 安装示意图

由于热敏电阻一般最高使用温度为 120℃左右，因此超过这个温度时，不采用热敏电阻，而大都使用热偶。

表 6-1 是一种热敏电阻的电阻-温度对照表。

表 6-1　　　　　　　　　　热敏电阻的电阻-温度对照表

温度/℃	15	30	45	60	105
电阻值/kΩ	11.4～14	6.4～7.8	3.6～4.5	2.2～2.7	0.6～0.8

十三、水量稳定器

用户家中的水压如果比较高，水流量比较大，这时想单靠热水器来自动调节温度一般已无能为力，这样热水的温度就上不去。因此，在不少热水器中使用了水量稳定器。当水压高到一定程度时，热水器的出水量可基本稳定在一个固定的数值，这时热水器就能自动调节温度。

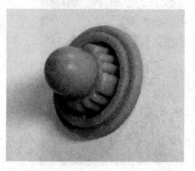

图 6-24

图 6-24 是一只水量稳定器的实物照片。图 6-25 是一款热水器分别采用 8 升机和 10 升机稳定器后，出水量随水压而变化的曲线。

由图 6-25 可以看出，它比不使用水量稳定器时情况要好得多。比如，在水压为 2kgf/cm² （0.2MPa）的情况下，如果不使用水量稳定器，热水器的出水量将达到 15L/min。在这么大的出水量时，冬天热水的温度就很难上去。

当然，水压低的时候出水量也是稳不住的，只有当水压高到一定程度［图 6-25 中是 1kgf/cm² （0.1MPa）左右］以上，出水量才接近应该稳定的数值。水压更高，稳定效果会更好一些。后面我们也将提到，如果用户家中的水压一直很低 ［如 0.5～0.6kgf/cm² （50～60kPa）］，夏天时他们一定会感到水很烫，热水器中如果设置了水量稳定器，对他们来说反而不利，这时可建议将水量稳定器拿掉。

十四、电机转速传感器

电机转速传感器可用来检测风机的转速是否正常，其工作原理与采用霍尔元件的水量传感器相同，也是利用霍尔元件对磁场的感应来输出信号。不同的是，磁场由安装在电机上的磁环提供，或利用电机本身的旋转磁场。风机转动

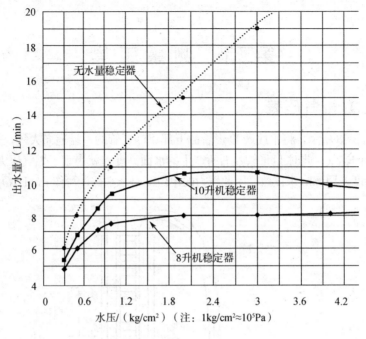

图 6-25

时，使靠近集成霍尔元件的磁极（N、S极）不断变化，输出高低电平，使控制电路得到一连串一定频率的脉冲信号（见图 6-26）。

如果风机停止转动或转速不正常，控制电路就会发出指令关闭工作系统，起到安全保护作用。

集成霍尔元件可以巧妙地安装在热水器的风机内，图 6-27 就是在电机内部的一个部件上安装有一个集成霍尔元件时的实物照片。

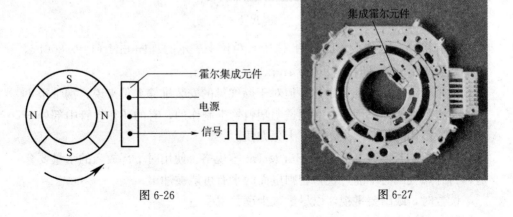

图 6-26

图 6-27

第二节 测量工具

一、U形气压表

如图 6-28 所示，将水放入 U 形管的下部，U 形管的一端通向大气，另一端连接被测量的燃气，此时 U 形管左右所产生的水面高度差就表示了燃气压力的大小。这水面高度差用 mm 来读数，因此压力的单位叫毫米水柱，写作 mmH_2O。

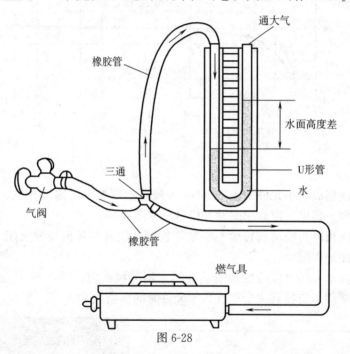

图 6-28

也有将 mmH_2O 换算成千帕（kPa）单位来表示的。$1mmH_2O = 9.806Pa$，但不是要求十分精确时，可认为 $1mmH_2O \approx 10Pa$。

U 形管一般用玻璃管制作，但对于燃气具的安装维修人员来说，携带很不方便，也容易损坏。因此也有用透明塑料管来制作的，有的还在软管中部处安上活页，不用时折叠起来，携带十分方便。

U 形管的长度有 0.5m、0.6m 及 1m 等规格。使用时下部放入的水量要合适，打开燃气阀时不能过快，否则里面的水有可能被冲出。

读数时，眼睛要平视，以尽量减少读数误差。

另外，我们要测量的是"动压"。因此测量时要让燃气具工作，哪怕只打开煤气灶的一只灶眼也可。

二、数字式压力表

目前也有用携带式微压数字压力表来进行测量的，如日本产的 GC66 型及 PM-550 型等（图 6-29）。数字式压力表体积小，读数直观，携带方便，很受安装维修人员的欢迎。只是目前进口数字式压力表售价较高。

图 6-29

数字式压力表的基本工作原理是：将被测量气体的压力大小，通过压力传感器变换成电压信号，经过放大等处理后，再通过模数转换电路变成数字量，然后利用数字电压表显示出相应的气体压力大小。工作原理的方框图见图 6-30。

被测气体 → 压力传感器 → 放大器 → 模-数转换 → 数字电压表

图 6-30

一般采用三位半的数字电压表来显示，为省电一般又采用液晶数码显示。

数字式压力表的最大量程一般为 $500 \sim 1000 mmH_2O$，测量精度一般为（$\pm 0.1\%FS$）～（$\pm 1\%FS \pm 1$）个字。

GC66 型体积最小（长×宽×厚：150mm×29mm×18mm），使用 3V 纽扣电池，读数有 mmH_2O 及 Pa 可供选择。PM-550 型类似一只小型万用表大小（长×宽×厚：142mm×72mm×23mm），使用三节 7 号电池，测量范围

－0.50～5.50kPa，精度±0.05kPa 以内。

使用时要注意的是，为了对数字式压力表进行校零，必须将压力表与测量点断开，让压力表的检测口与大气相通。

三、试电笔

试电笔是用来检查导线和电器设备是否带电或漏电的一种常用工具。它由笔头金属体、电阻、氖泡、弹簧和笔尾金属体组成，如图 6-31 所示。

图 6-31

测量时，手握笔尾金属体，用笔头金属体接触被测物体。如果氖泡不发光，说明该物体不带电或所带的电压很低（低于 50V）。相反，如果氖泡发光，说明该物体带电。

用试电笔检查时，实际上是从被测带电体流出一个电流，经过试电笔中的电阻、氖泡及人体后，流入大地中。这只电阻一般为 1MΩ 左右，以防止过大的电流流经人体。正因为如此，试电笔只用在检查电压较低的场合。

还有一点要注意的是，使用试电笔检查前要确保试电笔本身是好的。如果氖泡坏了不发光，你也判断为物体不带电，就可能发生触电事故了。

四、万用表

万用表是最常用的电气测量工具。它可以用来测量电流、电压和电阻，有的还可以测量电容、频率和晶体管参数等。

万用表有指针式及数字式两类。图 6-32 为指针式，读数从上部的刻度盘上读取。图 6-33 为数字式，读数从上部的数码管读取。它们一般都通过旋转波段开关（量程开关）来选择测量的参数及改变量程。

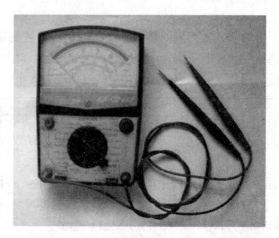

图 6-32

有两支测量表棒，大都为一红一黑。黑表棒插在标有负极（－）或标有 COM 的插孔，红表棒插在标有正极（＋）或标有 V、mA、Ω 等的插孔。

以下介绍几种最常用参数的测量方法。

1. 直流电压的测量

将量程开关旋转到直流电压挡的适当位置，通过测量表棒将万用表与被测电路并联。此时要将黑表棒的一端接到被测电路的负电压端或电路的公共点，将红表棒的一端接到被测电路的欲测量点。如图6-34所示。

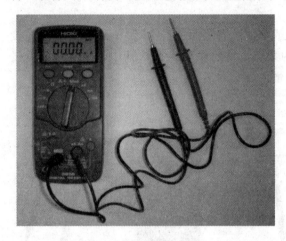

图 6-33

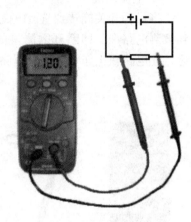

图 6-34

一般将量程分为若干挡。若对被测量电压的大小范围尚不清楚时，可先将量程旋到最大量程处。此时如果读数太小，再逐渐将量程换小，以求读数更精确。

2. 交流电压的测量

将量程开关旋转到交流电压挡的适当位置，测量表棒也与被测电路并联。因为是交流电压，红黑表棒不分正负。若对被测量电压的大小范围尚不清楚时，开始也用大量程测量。如图6-35所示。

3. 电阻的测量

将量程开关旋转到电阻挡的适当位置，表棒与被测电阻并联。如图6-36所示。

如果是指针式万用表，测量前要先校零点。此时将两表棒短路，转动零点调节旋钮，使指针偏转到零。如果调不到零，说明万用表内部的电池的电压不足，需要更换新电池。

图 6-35

如果是数字式万用表，有的也用短路校零；有的则本身已备有自动校零功能，打开万用表时它已自动将零校好。

如果被测电阻已连接在电路中，要测量该电阻的阻值时，必须切断电源电压，且要将该电阻的一端焊开后再测量。

测量电阻时，也从大量程处开始，且注意该量程所使用的电阻单位。

4. 电流的测量

将量程开关旋转到直流电流或交流电流挡的适当位置，两表棒要串联连接到被测电路中。即断开欲测量的某点，再将两表棒接入其中，使电路继续接通，让电路在工作状态下进行测量。如图 6-37 所示。

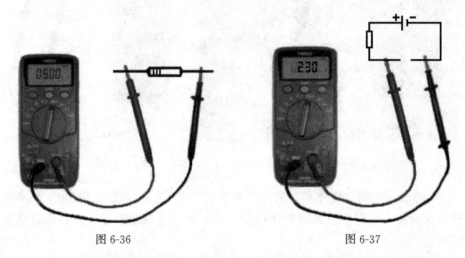

图 6-36   图 6-37

如果是直流电流，要注意正负极性，让电流从红表棒流入，从黑表棒流出。测量交流电流则无正负极性问题。

测量也从大量程处开始，且注意该量程所使用的单位。

有关电压、电流及电阻的单位，请参阅"电气基本常识"一章。

【思考题】

1. 燃气比例阀的构造及工作原理是怎样的？

2. 水量传感器及水流开关的构造及工作原理是怎样的？

3. 火焰检测棒的工作原理是怎样的？

4. 压敏电阻起什么作用？

5. 对风压开关的构造及工作原理了解吗？

6. 会使用 U 形气压表吗？

7. 会使用万用表吗？

第七章 家用燃具的安装

一台燃气用具能否完全做到使用者安全又安心，首要条件当然是燃气具本身的安全性能要高，加工装配的质量要好。但光靠这些还不够，如安装不妥或使用不当，仍然可能是不安全的。

这几年我国的燃气具发展较快，但很多用户的安全意识并没有相应提高。往往因缺乏这方面的相关知识，不重视正确安装，结果带来不少麻烦，甚至发生燃气泄漏、一氧化碳中毒、火灾及爆炸等事故。用户的安全意识有待提高，但作为一名专业安装维修人员，更应坚持原则，说服并指导用户正确进行安装和使用。

燃具在燃烧过程中需要大量的空气，同时产生大量的高温烟气。如果空气量不足或烟气排放不正常，就会造成燃具不能正常工作，甚至引发安全事故，因此安装时特别要处理好燃具的给排气问题。此外，对于燃具的安装位置、管道连接，以及施工监督、验收等方面都应遵守相应的有关规定（详见《家用燃气燃烧器具安装及验收规程》CJJ 12—2013）。

第一节 一般注意事项

（1）燃气灶具应安装在通风良好的厨房内，厨房净高不低于 2.2m。利用卧室的套间或用户单独使用的走廊作厨房，应设置有门并与卧室隔开。

（2）安装燃气热水器的房间净高应大于 2.4m。

（3）燃气如果采用胶管连接，则胶管长度不应超过 2m，但小于 1m 也是不安全的。燃气软管连接时不得使用三通，形成两个支管。燃气胶管与燃气旋塞阀、燃气具连接处应用喉码（螺旋紧箍卡）卡紧。

（4）燃气用具与燃气流量表水平

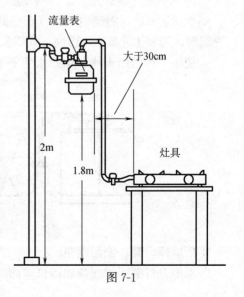

图 7-1

净距应大于 30cm（图 7-1）。

（5）低压燃气用镀锌钢管最小壁厚不应小于 2.75mm。

（6）燃气旋塞阀应设在易于检查、便于操作的位置。

（7）燃具安装处所最好设置燃气泄漏报警装置，报警器的周围不能有其他刺激性气体。

（8）管道燃气所有管路的接驳应由燃气公司有关人员进行，其他人员不得擅自接驳。

（9）热水器的安装高度要考虑到操作旋钮的方便，热水器有观火孔时，一般是观火孔与人眼平齐。

（10）安装强排式、强制给排式热水器时，电源插座应距离热水器 30cm 以外（图 7-2）。

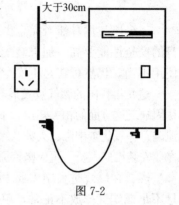

图 7-2

（11）排气筒、给排气筒上严禁安装挡板。

（12）家用快速热水器操作时手必须接触部位的表面温升不应超过 30K。

（13）瓶装液化石油气安全注意事项

①钢瓶必须做定期检查，不得使用过期钢瓶。按规定，像家庭中常用的这类钢瓶，自制造之日起，第一次至第三次检验周期为 4 年，第四次检验有效期为 3 年。当钢瓶受到严重腐蚀损伤以及其他可能影响安全使用的缺陷时应提前进行检验。

②钢瓶不允许超量充装。15kg 钢瓶规定充装量为（14.5±0.5）kg。

如果超量充装，则使钢瓶内气态空间很小或全无，当瓶内空间被液态石油气充满时，因液体近似不可压缩，其膨胀力会直接作用于钢瓶，引起钢瓶爆裂。

③使用中严禁用火烤、用开水烫等手段加热钢瓶（图 7-3）。

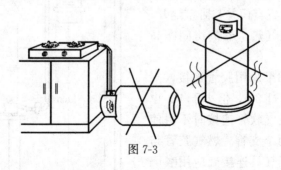

图 7-3

④严禁摔、砸、倒卧钢瓶。

⑤不得自行倒罐排残液和拆修瓶阀等附件。

⑥不得随意拆卸减压阀或调整减压阀的压力。

⑦钢瓶应安放在便于开关操作和便于做漏气检查的位置，放置处应保持干燥，钢瓶应直立并远离火源。

⑧橡胶软管与燃气具进口接头间、橡胶软管与减压阀间都要连接可靠无漏气，一般要加管卡。

⑨软管要采用耐油软管，不要使用天然橡胶等容易被溶解的材料。

⑩要经常注意软管有无老化、开裂、漏气等情况，发现问题要及时进行更换。

此外，要特别注意：夏季高温时节是液化石油气事故的多发季节。气温偏高，供气软管容易软化或老化，接头处容易松动、脱落，因而发生漏气。特别是将钢瓶置入厨柜内时，泄漏的液化石油气下沉积累，不易散发，一旦遇到明火，很容易发生爆炸。

第二节　灶具安装注意事项

灶具的安装比较简单，用户往往自己买段胶管与气源连接就完事了。实际上，灶具安装时应该注意以下一些事项：

（1）燃气灶具与可燃或难燃的墙壁之间应采取有效的防火隔热措施，燃气灶具边缘距木质家具的净距不得小于 20cm。

（2）安装台式灶具时，燃气开关不能高于灶台台面。

（3）采用燃气胶管连接时，胶管靠近灶具边缘 30cm 以内不应高出灶面。

（4）使用嵌入式灶具，当胶管从灶台上方穿入地柜时，安装胶管的灶台开孔位置与灶具边缘的水平净距应不小于 200mm。

（5）嵌入式灶具下方的地柜内如安装燃气泄漏报警器，其插座可设在嵌入式灶具下方的地柜内。

（6）微波炉、消毒碗柜等的插座不可设在嵌入式灶具下方的地柜内。

第三节　燃气热水器安装的通用要求

燃气热水器的安装要严格按照国家标准 GB 6932—2001《家用燃气快速热水器》中的要求进行。

（1）没有给排气条件的房间不得安装自然排气式和强制排气式燃气热水器。

（2）设置了吸油烟机、排气扇等机械换气设备的房间及其相连通的房间内，使用自然排气式热水器时，不得开启排风扇及抽油烟机等机械换气设备。

（3）浴室内不得安装自然排气式和强制排气式热水器。安装在浴室中的非平衡式热水器，即使安装了排烟管，也无法保证浴室中不发生缺氧。同时，浴室中的大量水蒸气将吸入热水器中，使电器控制部分发生故障甚至漏电等事故。

（4）安装处的选择　下列房间和部位不得安装热水器：

①卧室、地下室、客厅；

②浴室（自然给排气式和强制给排气式热水器除外）；

③楼梯和安全出口附近（5m以外不受限制）；

④橱柜内。

（5）热水器安装处不能存放易燃、易爆及产生腐蚀气体的物品。

（6）热水器的安装位置上方不得有明电线、电器设备、燃气管道，下方不能设置煤气烤炉、煤气灶等燃气具。

（7）热水器的安装部位应是由不可燃材料建造。若安装部位是可燃材料或难燃材料时，应采用防热板隔热，防热板与墙的距离应大于10mm。

（8）壁挂式热水器安装应保持垂直，不得倾斜。

（9）根据以上通用要求，实际操作中还应注意以下几点：

①安装前，首先要检查热水器所用燃气种类与用户家的气种是否相符。气种不对时，要么火小或点不着，要么火太大或烧坏。

②接通进出水管前，先检查进出水管是否准确，不能接反。否则，有水量传感器的热水器将因此无信号，无法工作。同时，先将进水龙头打开，放出部分水后再接入热水器，以防止脏物进入热水器中造成故障。

③排烟管不能加得过长，使用的弯管不能过多。排烟管加得过长，特别是弯管用得过多，将使废气排放阻力加大，使热水器中燃气燃烧不充分，烟气中一氧化碳含量超过排放标准，带来危害。

④安装完成后，一定要检查是否有燃气泄漏情况，特别要注意燃气具以外的零部件造成的泄漏，如煤气管、管接头、三通、减压阀、燃气阀门等。检查时不得用打火机之类的明火，而要用肥皂水或洗洁精水等液体。

第四节　设置给排气口的规定

1. 装有自然排气式热水器的房间应设给气口和排气口

关于给气口和排气口在第一章第三节中已初步提到，可参阅图1-24。

（1）给气口的截面积应大于热水器排气管的截面积，其位置应设在室内高度二分之一以下、能直通大气的地方。

（2）排气口的截面积应大于排气管的截面积，其位置设在尽量接近棚顶且尽量远离排气管的能直通大气的外墙上。

（3）给排气口大小，按热水器的热负荷大小决定给排气口的面积。热水器的热负荷与给排气口的最小面积见表 7-1。

表 7-1　　　　　　　　热水器的热负荷与给排气口的最小面积

热负荷/kW	给排气口的最小面积/cm²
≤12	100
12～16	130
16～20	160
20～26	200

（4）给排气口的设置方式

①直接设置给排气口，其位置与大小应符合上述（1）、（2）、（3）的要求。

②利用固定式百叶窗作给排气口时应符合下列要求：

百叶窗最小间隙应大于 8mm，安装的防虫网应便于清扫。

百叶窗的有效开口面积应按如下规定的开口率和公式计算：

$$A_s = \alpha \times A_n$$

式中　A_s——百叶窗的有效开口面积，cm²

　　　α——百叶窗开口率，%。见表 7-2

　　　A_n——百叶窗的实际面积，cm²

表 7-2　　　　　　　　百叶窗的开口率

百叶窗种类	开口率/%
钢制、塑料百叶窗	50
木制百叶窗	40

2. 装有强制排气式热水器的房间应设给气口

给气口的面积、位置及设置方式按上述 1 的有关规定。

第五节　排气管（烟道）的安装

一、自然排气式热水器排气管（烟道）的安装

（1）自然排气式热水器的烟道不得安装强制排气式热水器及机械换气设备。

(2) 排气管的安装应符合图 7-4 中要求。

(3) 排气管应有效地排除烟气，其截面积应该大于与热水器连接部分的截面积，其他要求应该符合下列规定：

①排气管的高度应以保证其抽力（真空度）不小于 3Pa 为确定原则，一般不宜高于 10m。

②排气管的水平部分长度宜小于 5m，而且水平前端不得朝下倾斜，必须有稍斜向热水器的坡度，并且在室外部分最下端设置排冷凝水的结构。

③排气管的弯头宜为 90°，弯头数不应多于 4 个。

④防倒风罩以上的排气管室内垂直部分不得小于 250mm。

⑤排气管顶端必须安装有效的防风、雨、雪的风帽，其位置不应处于风压带内，它与周围建筑物及其开口的距离，以及防火安全距离应符合《家用燃气燃烧器具安装及验收规程》中的要求。

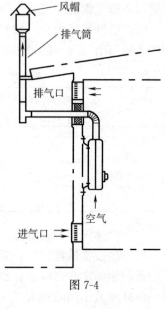

图 7-4

(4) 实际使用自然排气式热水器时，排气管的安装主要有三种方式：

①单层住宅的单独烟道——自然排气式热水器内没有风机，全靠排气管的自然抽力将烟气排出室外。因此，要求排气管有一定的高度，一般要求出口处形成的抽力不小于 3Pa。

这种单独烟道由水平段、垂直段、弯头及风帽等组成（图 7-5）。为减少阻力，应尽可能减少弯头的数量。风帽应安装在风压带外，应超过房顶 0.6m。

②多层住宅的单独烟道——各楼层的烟道单独排于室外，但烟道的出口也应超过房顶 0.6m（图 7-6）。很明显，这种排气管的安装方式很不现实。现在十几层的多层住宅越来越多，如果住在一层、二层的住户要安装烟道，要安装多少米？再说，各楼层都安装了烟道通往楼顶，这个楼房的外观将不成样子。

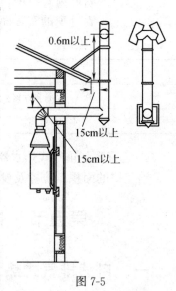

图 7-5

③多层住宅的公共烟道——如图 7-7 所示，各楼层的排气管都排向楼房中的公共烟道（图中 2 层以上只画了一台热水器）。它与多层住宅的单独烟道相比，无疑既节省了各户烟道的长度，又美化了楼房的外观。但是，要注意的是：如果公共烟道的有效截面积及其高度不够时，将影响正常的排气；各住户都与公共烟道相连接，某一住户家的声音、臭味等都可能传递到其他楼层。

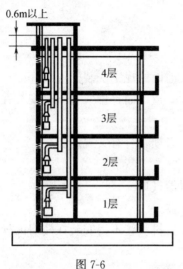

图 7-6

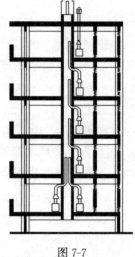

图 7-7

目前我国多层住宅厨房中的公共烟道，一般有效截面积都不够大，只能供灶具上方的排油烟机使用。

综上所述，自然排气式热水器排气管的安装是件麻烦事。因此很多用户不安装排气管，或者只安装一段水平管道通往室外了事，安全隐患很大。所以现在每年发生的人身中毒事故中，绝大部分都是自然排气式热水器引起的。

正因为如此，根据《家用燃气燃烧器具安装及验收规程》的规定，自然排气式热水器只适合于在单层或两层住宅中使用。

二、强制排气式热水器排气管的安装

（1）强制排气式热水器应使用随机附带的排气管部件，按产品说明书规定进行安装。若要加长排气管的长度，必须采用与产品所配套的排气管的材料、尺寸相一致。

（2）排气管穿墙部分与墙孔的间隙和排气管之间的连接处应密封，排气管连接处应牢固，不得泄漏烟气。

（3）排气管安装时，应防止冷凝水倒流进热水器内。

（4）排烟口与周围建筑物及其开口的距离，应符合有关规定。

第六节　热水器的安装及验收

一、各种燃气热水器的安装

1. 自然排气式热水器的安装

（1）按照前面的规定设置给排气口。

（2）按产品说明书规定安装热水器，按前面的规定安装排气管。

（3）自然排气式热水器宜每台采用单独烟道，而且排气管不得安装在楼房的换气风道上。

（4）如果使用公共烟道和复合烟道时，必须符合有关规定。

2. 强制排气式热水器的安装

（1）按本章第三节及第四节的规定设置给气口。

（2）按产品安装说明书的规定安装热水器。

（3）按本章第五节的规定安装排气管，且排气管不得安装在楼房的换气风道及公共烟道上。

3. 自然给排气式热水器的安装

（1）给排气管应安装在直通大气的墙上；并应符合有关规定。

（2）给排气部件应采用与热水器配套的部件，并按说明书要求安装。

（3）按产品说明书规定安装热水器。

4. 强制给排气式热水器的安装

（1）给排气管应安装在直通大气的墙上；并符合有关规定。

（2）给排气部件应采用与热水器配套的部件，并按说明书要求安装。

（3）按产品说明书规定安装热水器。

5. 室外式热水器的安装

（1）应安装在不会产生强涡流的室外敞开空间。

（2）给排气口周围应无妨碍燃烧的障碍物。

（3）安装处应采取防风、雨、雪的措施，不得影响正常燃烧。

（4）在靠近公共走廊处安装时，应有防火、防落下物、防投弃物等措施。

（5）两侧有居室的外走廊，或两端封闭的外走廊，不得安装室外式热水器。

（6）电源插座，应设置在室内。

6. 强制排气式热水器典型安装示意图

如图 7-8 所示，热水器主体可以直接安装在外墙上，也可以安装在与外墙垂直的墙壁上，排烟管的走向可以随之灵活掌握。安装热水器主体时，一般都使用膨胀螺钉进行固定，固定螺钉一般上下各用 3 只。为了避开室内的水管、下水道等，有时排烟管必须多加几个弯头。因为弯头的阻力大，要尽可能减少弯头的数量，一般不要超过 4 个。在排烟管的每个接头处，都必须用耐高温的铝箔胶带密封好，防止废气漏入室内。

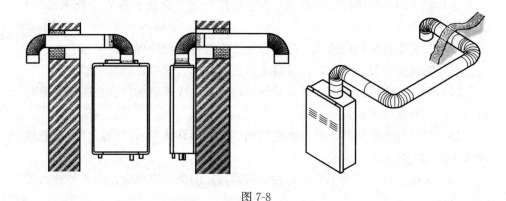

图 7-8

7. 强制给排气式热水器的排烟管

强制给排气式热水器的排烟管大致有两种类型，一种从热水器上方排出，另一种从热水器背部排出。

从上方排出的安装方法与强制排气式热水器相同，只是双重烟管比强制排气式热水器的排烟管粗，同时安装时还要考虑往下有一个斜度，因此墙壁上的开孔比较大。

从背部排出的安装方法是先将双重烟管用膨胀螺钉固定在墙壁上，然后挂上热水器，将其上部用螺母固定好，再用膨胀螺钉将热水器的下部固定在墙上。

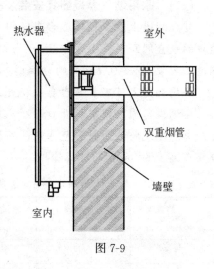

图 7-9

图 7-9 是背排式强制给排气式热水器的安装示意图。

有的热水器的双重烟管不能加长，有的可以加长，加长时要注意接口处的密封。

双重烟管的进气口一般都靠近墙壁，要注意与墙壁间保持一点距离。北方的墙壁比较厚，要注意不能让进气口进入到墙壁内。那样会造成新鲜空气不足，燃烧不充分。

二、燃具安装验收

(一) 验收规范

(1) 安装燃具的房间应符合现行国家标准《燃气燃烧器具安全技术通则》GB16914 的规定。

(2) 安装燃具房间的通风、防火等条件应符合规程的规定。

(3) 燃气的种类和压力，以及自来水的供水压力应符合燃具铭牌要求。

(4) 将燃气阀打开，关闭燃具燃气阀，用肥皂液或测漏仪检查燃气管道和接头，不应有漏气现象。

(5) 打开自来水阀和燃具冷水进口阀，关闭燃具热水出口阀，目测检查自来水系统不应有水渗漏现象。

(6) 按燃具使用说明书要求，使燃具运行，燃烧器燃烧应正常，各种阀的开关应灵活。

(7) 上述检查合格后，应由监督员张贴合格标示。

(二)《家用燃气燃烧器具安装及验收规程》(摘录) 规定：

复合烟道上最多可接 2 台半密闭自然排气式燃具，2 台燃具在复合烟道上接口的垂直间距不得小于 0.5m；当确有困难，接口必须安装在同一高度上时，烟道上应设 0.5～0.7m 高的分烟器。

公用烟道上可安装多台自然排气式燃具，但应保证排烟时互不影响。

排烟口与周围建筑物开口的距离应符合表 3.1.15 的规定。在表 3.1.15 规定距离的建筑物墙面投影范围内，不应有烟气可能流入的开口部位，但距排烟口距离大于 600mm 的部位除外。

表 3.1.15　　　　　排烟口与周围建筑物开口的距离（mm）

隔离方向 吹出方向	上方	侧方	下方	前方
向下吹	300	150	600	150
垂直吹 360°	600	150	150	150
斜吹 360°	600	150	150	300

续表

吹出方向 \ 隔离方向		上方	侧方	下方	前方
斜吹向下		300	150	300	300
水平吹	前方	300	150	150	600
	侧方	300	吹出侧600 其他150	150	150
水平吹360°		300	300	150	300

3.3.4 自然给排气式燃具给排气风帽的安装应符合下列要求：

1. 给排气风帽应安装在充分敞开的室外，也可安装在不滞留烟气的敞开走廊或敞开阳台上；当有障碍时，应装在风产生的气流和风压差不妨碍燃烧的地点。

2. 在给排气风帽两侧、上下方距离 1.5m 之内有突出物时，或距离不足 1.5m 的凹陷处，均不应安装燃具风帽。

3. 给排气风帽上方有突起物或屋檐时，风帽与之距离应大于 250mm；檐下垂时，风帽距垂檐距离应大于 100mm。上檐为可燃材料、难燃烧材料装修的建筑物部位时，风帽与周围的距离应符合本规程第 4.3.2 条的规定。

4. 下方有障碍物（地面或地基）时，给排气风帽距地面或地基面的距离应大于 150mm。

5. 给排气风帽侧方有障碍物时，与障碍物间距离应符合表 3.3.4 的规定。在同一高度上安装两台燃具时，两个风帽的净距应大于 300mm。

表 3.3.4　　　　　给排气风帽与侧方障碍物间的距离（mm）

侧方障碍物突出尺寸	与侧方障碍物间的距离
小于（给排气风帽突出尺寸+400）	应大于800
大于（给排气风帽突出尺寸+400）	应大于300（浴槽水加热器应大于220）

6. 给排气风帽前方 150mm 内不应有墙等障碍物，给排气风帽前方不宜有同等高度的障碍物（半截高度围墙）。

7. 给排气风帽应与燃具配套使用，其形状和结构均不得改动。

8. 给排气筒穿墙处应密封，不得使烟气流入室内。

9. 给排气风帽的给排气口应伸出到墙外。

10. 给排气风帽周围不得安装妨碍通风的设施。

11. 在积雪地区安装时，安装地点应采取防雪措施。

3.3.5 强制给排气式燃具给排气管、给排气风帽的安装应符合下列要求：

 1. 给排气部位形状不应妨碍燃烧，并确保必要的风量。

 2. 给排气管延长时，应按说明书规定进行；前端应接风帽；给排气管连接处应牢固。

 3. 给排气风帽应装在敞开的室外空间，也可安装在不滞留烟气的敞开走廊或敞开阳台上。

 4. 给排气风帽周围应无突起的障碍物；当有障碍物时，应保证烟气不会流入给气口。

 5. 给排气风帽的给排气部位距建筑物上檐应大于250mm；檐下垂时，风帽上端距檐下端的距离应大于100mm。

 6. 当上方障碍物是以可燃材料、难燃烧材料装修时，风帽与其距离应符合本规程第4.3.2条的规定。

 7. 给排气风帽应是燃具配套部件，其形状和结构不得改变。

 8. 给排气管安装应向室外稍倾斜，雨水不得进入燃具。

 9. 给排气管连接处不应漏烟气，应有防脱、防漏措施。

 10. 给排气管的穿墙部位应密封，烟气不得流入室内。

4.3.1 半密闭自然排气式燃具的排气筒风帽与屋顶、屋檐间的相互位置应符合下列要求：

 1. 排气筒伸出屋顶到风帽间的垂直高度必须大于600mm。

 2. 当排气筒水平方向1m范围内有建筑物，而且该建筑物有屋檐时，排气筒的高度必须高出该建筑物屋檐600mm以上。

4.3.2 风帽排气出口与以可燃材料、难燃材料装修的建筑物的距离应大于表4.3.2的规定。

表4.3.2 风帽排气出口与以可燃材料、难燃材料装修的建筑物的距离（mm）

隔离方向 吹出方向	上方	侧方	下方	前方
向下吹	300	150	600（300）	150
垂直吹360°	600（300）	150	150	150
斜吹360°	600（300）	150	150	300
斜吹向下	300	150	300	300
水平吹	300	150	150	600（300）

注：（）内为有防热板的距离。

【思考题】

1. 哪些房间和部位不得安装燃气热水器？

2. 安装燃气热水器时有没有充分考虑到设置给排气口？

3. 安装燃气热水器时有没有严格按照规定安装排气管（烟管）？

4 燃气灶具应安装在通风良好的厨房内，厨房净高应不低于多少米？

5. 安装燃气热水器的房间净高应大于多少米？

6. 燃气胶管的长度应该在多少米至多少米之间？

7. 瓶装液化石油气在冬天挥发慢，可以用火烤、用开水烫吗？

8. 室外型燃气热水器的技术含量高于室内型，可安装在室内吗？

第八章　常见故障及故障举例

第一节　灶具常见故障及分析

一、回火

回火是火焰在燃烧器内部燃烧的现象，它是因为燃气的燃烧速度快于燃气的喷出速度所造成（图8-1）。

发生回火时，一般情况下火焰将熄灭，严重时火焰会在喷嘴处燃烧。因为这里离气阀组件及面板很近，容易将它们烧坏。

产生回火的主要原因有：

①燃烧器的焰口太大（包括火盖未放好变形）。

②燃气压力过低，燃气量不足（如钢瓶减压阀质量有问题造成压力过低或供气胶管受挤压，供气硬管局部有堵塞等）。

③喷嘴或气阀由于异物堵塞，使燃气通孔变小，燃气量减少太多。

④由于燃气成分发生变化，引起燃烧速度加快。

⑤燃烧器本身因高温发热，使混合燃气温度升高。

⑥由于风门开得太大等原因造成一次空气量太多，燃烧速度快于燃气的喷出速度。

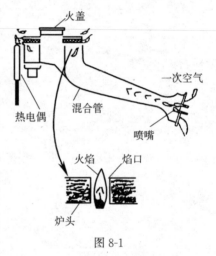

图 8-1

二、离焰

离焰是火焰从燃烧器火孔（焰口）全部或部分离开的现象，它是因为燃气的喷出速度快于燃气的燃烧速度所造成（图8-2）。

显然，回火和离焰正好是相反的两个现象。如燃气和空气的混合物的流速继续增大，火焰继续上浮，最后导致熄灭，这种现象称为脱火。

产生离焰的主要原因有：

①燃烧器的焰口太小（包括火盖部分焰口被脏物堵塞）。

②燃气压力过高，燃气量过大。

③由于燃气成分发生变化，引起燃烧速度变慢。

④灶具周围环境风力过大。

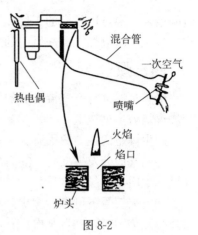

图 8-2

三、黄焰

黄焰主要是由于一次空气不足引起，燃烧时产生黄色的火焰，该火焰与低温冷面接触时还会产生黑烟。

产生黄焰的主要原因有：

①空气量不足，如风门开得太小、或锅架太低、锅压得太低。

②燃气气质不好，或燃气量过大，维修不当使喷嘴孔径变大也会造成。

③燃气的喷出方向与炉头混合管不同轴（图 8-3），这一般是因装配质量不好，或因灶具材料太单薄而变形造成。

④火焰碰到低温的东西，如水等。

⑤焰口（火盖）处有脏物，未经常清洗（图 8-4）。

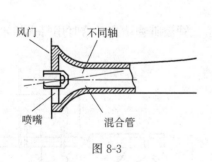

图 8-3

图 8-4

⑥空气有污染，如厨房空气中的油烟与火焰直接接触燃烧。

⑦点火时引火支架火焰呈黄色且分散于引火支架横边孔，这是由于引火支架内通道有堵塞物或安装位置不正确。

⑧使用液化石油气钢瓶供气，满瓶时调好的风门，过了一段时间后可能出现黄焰。这是因为：刚开始时气体中沸点比较低的丙烷、丙烯含量较多；随着

时间增加，沸点比较高的丁烷、丁烯的含量也逐渐增多，它们燃烧时所需要的空气量也相应增加，原来风门的开度就不够了。

四、爆燃

爆燃是燃气与空气混合后的急剧燃烧现象，燃烧噪声超过 85 分贝（dB），燃烧火焰溢出燃烧室。

产生爆燃的主要原因有：

①燃气成分发生变化。如有的城市在人工燃气供气中，冬天为保证热值，在燃气中增加了氢的含量。

②点火信号不可靠。多次点火不着，但燃气已经放出，当燃气的浓度达到爆炸极限范围时，一旦某次点着，容易发生爆燃。

③设计上的欠缺。点火时送出的燃气太多，或点火时空气量太大。

五、火焰比正常燃烧时小

主要原因：

①喷嘴孔内有污物，影响供气。

②胶管受挤压，供气不足。

③燃气质量不好。

④气源输出压力低。

六、点不着火

1. 用压电晶体点火的灶具，点不着火的故障

一般有以下几个方面：

①胶管受挤压或堵塞，气阀、喷嘴或送气管被脏物堵塞。这时用打火机也点不着。

②放电针与支架间的距离不合适（图 8-5）。

③支架与炉头及引火喷嘴的位置不合适。

④支架内喷火通道堵塞（图 8-5）。

⑤高压导线与陶瓷体（放电点火针）接触不良。

⑥压电陶瓷失效或被撞烂。

⑦支架极板及放电针上有油污。

⑧维修后双环炉头喷嘴左右错装。

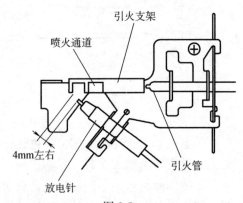

图 8-5

维修后气阀内阀芯与阀体位置放错。

⑨压电晶体的触发弹簧失去弹性，冲击力量不够。

⑩引火支架通道太窄，出口太小，气流速度偏大，引火未能正好喷到燃烧器的焰口。

2. 用高压脉冲点火的灶具，点不着火的故障

一般可从以下几个方面分析：

（1）无点火信号，或点火信号弱、时有时无

①电池电力已不足。

②点火电路中的微动开关发生故障。常见故障是微动开关中的弹簧片失灵或接触不好（图8-6）。

弹簧片

图 8-6

③点火器发生故障，或连接导线破损漏电。

④点火针端部有油污，放电不良。

⑤点火针与火盖间的距离变大，或火盖变形，不能放电。

⑥锅底的水流入点火针内，使针头处无放电信号。

（2）有点火信号，但点不着火

①燃气压力太低或太高（如液化石油气钢瓶减压阀质量不好引起）。

②供气管内有空气，供气软管弯折，或供气管内有小虫等异物进入，引起供气不足。

③点火时首先点着的炉头处，其喷嘴（一般为小喷嘴）被油污堵塞。这时可用缝衣针针尖清理，但要注意别将喷嘴的孔径弄大。

（3）对人工煤气用的灶具要特别注意 因人工煤气气质往往比较差，含硫量较高，容易在气阀内产生细小的粉末将阀芯的气孔堵塞。同时，在火盖内侧也容易积炭。

七、点着火后火又熄灭

（1）对于用高压脉冲点火的灶具，往往是按压时间不够（国家标准为45s，企业标准一般为3~5s），火还没有很 好地烤到热电偶，因此松手即灭。

（2）燃气压力太低或太高，火焰的前端不能很好地烤到热电偶，产生的热电势不够。

（3）热电偶的头部太脏或热电偶位置偏离，产生的热电势不够。但要注意热电偶头部只能用软布擦洗，不能用金属物品刮。

（4）火盖变形，火焰没有很好地烤到热电偶。

（5）安全电磁阀失灵。如液化石油气的残液进入，使端面啮合不好；或因燃气的含硫量太高，造成阀内导线腐蚀断线等。

八、漏气

（1）气阀质量不好，发生漏气。大多数是因为气阀中的密封橡胶圈（O形圈）质量不好造成。

（2）安全电磁阀中的密封橡胶圈（O形圈）损坏（图 8-7），或是更换安全电磁阀后忘记安装密封圈。含硫化物高的人工煤气对安全阀中的密封圈腐蚀严重。

（3）灶前开关接头处漏气，供气软管与灶具的连接处密封不好而漏气，一般应使用专用卡子卡住。

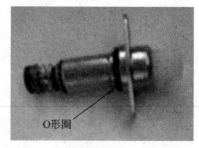

O形圈

图 8-7

（4）供气软管因老化而破损。

（5）因钢瓶减压阀质量不好，输出的气压太高，冲坏灶具中的气阀，造成漏气。〔一般当压力高于 $0.4 kgf/cm^2$（40kPa）时，气阀内部的弹簧就会失灵。〕

（6）采用引火喷嘴点火的灶具，灶具点燃后引火嘴处漏气不熄火，这是由于阀针自封失灵造成。

九、关于钢化玻璃面板爆炸

灶具中的钢化玻璃面板因为美观且便于清洗，很受用户的喜爱，但用户也常常担心它会发生爆炸。钢化玻璃面板发生爆炸的原因有几方面：

（1）钢化玻璃面板本身的质量不好，特别是当它潜在有难以被发现的内应力点时，在外因诱导下就有可能发生爆炸。因此，首先灶具生产厂应该挑选质量好的钢化玻璃厂家的产品（即使这样，还有万分之几的可能性发生爆炸）；同时，在进行装配之前还应该仔细挑出有划伤或气泡等潜在弊病的面板；在钢化玻璃面板的底部，要用金属铝箔进行粘贴，这样，即使面板发生意外，也不会爆炸，而只会爆裂。

（2）钢化玻璃面板受到重力撞击，如重物落下、高压锅爆炸等会引起爆炸。

（3）灶具气阀由于本身质量不好，或由于外部原因（如钢瓶减压阀质量不好、气压太高）漏气，发生爆炸而引起钢化玻璃面板爆炸。特别是嵌入式灶具发生漏气时，燃气在橱柜内不容易散发，容易发生事故。

（4）自制的防风罩接触到玻璃面板时，由于防风罩过热也会引起钢化玻璃面板发生爆炸。

第二节　采用水气联动阀构造的热水器常见故障及分析

一、打开水阀后不点火

原因：

①水压太低，水阀中薄膜的移动不足以打开气阀或接通微动开关（图 4-4 及图 4-5）。

②微动开关损坏（类似灶具无点火信号原因）。

③电器控制组件损坏。

④水阀薄膜破裂，不能形成压差。

⑤电池电压不足或接触不良，使点火器不能发出高压脉冲。

⑥水阀中的文丘里管内有脏物堵塞，不能形成压差（图 8-8）。

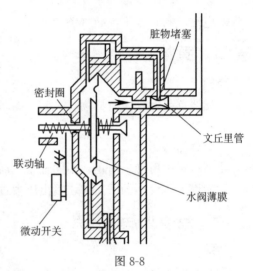

图 8-8

脏物堵塞
密封圈
文丘里管
联动轴
水阀薄膜
微动开关

二、气量调小时火熄灭

原因：

①高压输出线漏电，导线接头松脱或插错。

②电磁气阀（参见图 4-4）损坏，不能动作。

③电池电压不足。

④电器控制组件损坏。

⑤进气阀没有完全打开。

⑥供气管内有空气。

三、关水阀后不熄火

原因：

①水气联动杆被卡住，不能复位（参见图 4-4）。

②电磁气阀不关闭（图 4-4）。

③电器控制组件损坏。

④水阀内有异物，使薄膜不能复位（图 8-8）。

⑤文丘里管中有异物堵塞，压差不能消除（图 8-8）。

四、关水阀后熄火慢

原因：

①联动部位复位慢（图 4-4）。

②电磁气阀释放不灵敏（图 4-4）。

五、黄焰

原因：

①燃烧器引射管内有异物。

②喷嘴脏。

③燃烧器有污物。

④喷嘴和引射管未对正，不同轴（与灶具情况类似）。

⑤使用了不合格的减压阀，输出压力过高。

六、点着火后水不热

原因：

①液化石油气钢瓶的减压阀损坏，输出压力过低。

②气源不符，燃气热值低。

③部分喷嘴堵塞。

④供气球阀的旋钮未完全打开。

七、点火时有"嘭"的声音

原因：

①点火针头部结炭或有脏物，点火不可靠。

②点火针未对正燃烧器燃气出口，点火不可靠。

③控制电路有问题，发出点火脉冲前燃气已到达燃烧器。

八、冒黑烟

原因：

①燃烧器（火排）引射管内有蜘蛛网或杂物。

②热交换器顶部内有杂物。

③热交换器结炭。

④气源不符，如应该使用人工气的用了液化石油气。

第三节　水气分开控制的热水器常见故障分析

一、电源指示灯不亮

（1）电源没电　可用万用表或试电笔进行检查。

（2）电源指示灯坏　电源有电，仅仅电源指示灯不亮，此时并不影响热水器的使用。

（3）电源三眼插座中的地线带电　强排式热水器一般都用三芯电源线供电（图8-9），并且其中接地线一般都与热水器外壳（也包括燃烧器及热交换器）相连。安装后，热水器外壳又通过进出水金属软管与自来水管相连。如果电源三眼插座中的地线带电，则当热水器的电源插头插入电源插座时，电源地线中的电流被连接到自来水管而短路。轻者将保险丝烧断，严重时还将热水器电源线中的地线烧断（这时火线及零线往往还完好）。

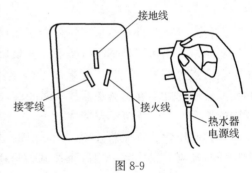

图 8-9

（4）电源电压曾经发生过异常（如曾出现过 380V 的电压）　因一般热水器的电源部分都安装有压敏电阻（过压保护器），外部电源电压过高时该压敏电阻将烧坏（详见"关键部件"一章）。由于压敏电阻烧坏后其电阻接近于零，使电源接近于短路，因此此时热水器中的电源保险丝也将烧断。更换电源保险丝及压敏电阻之前，必须先排除外部电源的故障。

（5）电源变压器烧坏　电源电压异常可烧坏电源变压器。另外，电源变压器制作过程中如浸漆处理不好，防潮性能差，使用中也有可能烧坏。特别是用户将强制排气式热水器安装在浴室中时，由于经常有大量水蒸气从热水器面板上的百叶窗进入，电源变压器更加容易烧坏。

（6）控制电路的故障　与电源有关的控制电路部分发生故障时，电源供给将不正常，电源指示灯也将不亮。

二、无放电点火火花

（1）风机故障　强排式热水器的运行程序中，一般都设计为只有当风机运转正常后才会发出放电点火信号。因此如果风机发生故障，不运转或运转速度达不到一定数值，则也不会有放电点火火花。

风机的故障可能是因为风机被卡住，或者是风扇叶片运转中与外壳有碰撞，还有可能是因为用户装修时不注意将大量木屑掉入风扇中。因此检查时应先用手指轻轻拨动风扇叶片，看它能否转动自如。

有的热水器的风机中还装有霍尔元件，可以向控制电路反馈风机转速。因此如果该霍尔元件损坏或相关控制电路发生故障，风机也不运转。

（2）水路问题　热水器不允许出现干烧。因此设计时已规定，水流量不够时不允许点火燃烧。如果水路过滤网被脏物（如生料带）堵塞，就不能放电点火。

另外，许多强排式热水器中采用了水量传感器来发开机信号，而水量传感器的进水端与出水端是不能搞错的。如果热水器的进水管与出水管接反了，则也不会有点火信号。同时，如果水量传感器中有脏物（包括铁屑），它也不会转动或转动速度不够。热水器放置时间较长不用，而自来水水管质量较差，水管中的铁锈会将水量传感器堵住。

（3）高压脉冲点火器故障，无高压输出。

（4）控制电路故障，无低压控制信号送入脉冲点火器。

（5）脉冲点火器的高压输出导线破损，或高压绝缘性能不好，发生局部对地短路放电，在点火针处无放电火花。

（6）如点火针不是一个固定组件，对地间放电距离可能发生移动，放电距离加大则不能可靠进行放电。如点火针是一个固定组件（图8-10），则要检查连接到热水器燃烧器外壳的螺钉是否松动，否则接触电阻加大，也不能可靠放电。

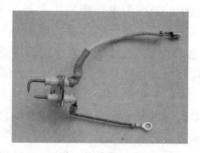

图8-10

三、有放电点火火花，但仍不能点着

（1）燃气未进入　首先要检查进气阀门是否打开，其次要检查供气软管是否弯折。使用钢瓶供气时，如减压阀出来的气压太高［一般高于 0.5kgf/cm^2

（50kPa）时]，则主气阀中一只起开关作用的橡皮有可能脱落，燃气不能通过。

（2）供气不足　如钢瓶减压阀出来的气压太低，或者液化气进气口（软管接头）处的密封垫圈（图8-11）变形，口径变小。

如果使用的是管道气，要注意经常会有管道局部堵塞的情况。为了确认这一点，可断开原来的供气管道，再从煤气表后的最近处连接一根长管到热水器进气口供气。这时如热水器一切正常，则说明原来的供气管道有堵塞。因此，不少维修点都常备一根长管。比如说一根软硬合适的塑料管，能紧密连接到4分管的外径处即可。

如果是管道气，还要注意用户家煤气表（图8-12）的容量，家用煤气表的规格按公称流量有1.6、2.5、4m^3/h几种。人工煤气要用4m^3/h的，天然气一般用2.5m^3/h的。如果煤气表的流量太小，供气将不足。

密封垫圈　软管接头

图 8-11

图 8-12

（3）人工煤气用热水器使用一两年以后，由于煤气中的硫化物的影响，燃气二次压可能会降低许多，要将二次压调上去。

（4）气阀故障　安装时如果曾经将进气管与进水管接反过，则气阀中进过水，要发生故障。

如果安装时没有发生过接反的情况，则首先要检查控制电路是否有信号送到气阀。确认有信号后再检查气阀能否动作，但不能光根据电磁气阀有吸合动作的声音而确定气阀是正常的。因为有时虽然有动作的声音，但气阀动作杆上的橡胶块还有可能脱落，此时燃气仍然不能送出。

采用比例阀结构的，还要检查比例阀中的动作薄膜，看是否因为燃气质量不好而使薄膜粘住或结垢。

（5）喷嘴的气孔被脏物或异物（如包装箱中的泡沫塑料粒子）堵塞。

（6）控制电路中与点火有关的部分发生故障。

四、点着火后又熄灭

（1）排气烟道堵塞　排气烟道出口端应该有金属网或者网状结构（图 8-13），如果没有金属网或网状结构，则异物很容易进入使烟道堵塞。而强排式热水器一般都设置有风压开关，一旦排气烟道被堵塞，烟道中压力升高，风压开关将动作，电脑会发出关机信号。

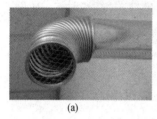
(a)

(b)
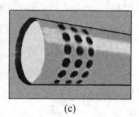
(c)

图 8-13

按照国家标准的规定，强制排气式、自然给排气式、强制给排气式热水器所配备的排气管或给排气管应采用不锈钢材料（0Cr18Ni9），厚度不小于0.3mm，或厚度不小于 0.3mm 的钢板双面搪瓷处理，或与同等级耐腐蚀、耐温性及耐燃性的其他材料。其密封件、垫应采用耐腐蚀的柔性材料。

如果用户自己使用了铝合金烟道，则这种烟道很容易变形，缩小了烟道的实际口径，排气不畅，压力升高，风压开关也会动作。

（2）风压开关故障　风压开关（详见"关键部件"一章）是通过其电接点的通与断来控制有关电路，因此风压开关本身的故障也影响到热水器的点火。但要注意的是风压开关电接点有两种设置方法，一种是常开状态，另一种是常闭状态。要判断风压开关的好坏，先要搞清楚它的设置方法。

（3）供气不足或时有时无　燃气气压太低时，即使一开始点着了一个火排，但火焰往两边火排的传送困难，火焰检测元件检测不到燃烧信号，电脑会发令将气阀关闭。

（4）水量传感器故障　水量传感器有轻微堵塞，转子时转时停，或者水量传感器与外连接的接插件接触不良。

（5）燃气的二次压力太低，特别是人工煤气的二次压力经过一段时间使用后变小。

（6）控制电路中与点火有关的部分发生故障。

（7）火焰检测回路故障　火焰检测元件属离子导电元件（详见"关键部件"一章），有火焰时有微小电流流过，无火焰时电流为零。但必须将燃烧器的外壳连接到控制电路的公共地点才能形成回路，才会产生电流。若外壳到控制电路的公共地点的导线未连接，使电流为零；或者固定该连接导线的螺钉松动，接触电阻太大，电流太小，电脑都会判断为火焰未点着而关机。

五、点火爆鸣

（1）风门孔径太大，点火时燃烧太快。

（2）点火时的风机转速设计不合适，太快，点火时燃烧太快。

（3）燃气成分发生变化，燃烧速度太快。如冬天时在燃气中加入了较多的氢气。这时要修改其他参数。

（4）点火信号不可靠。前面几次未点着，一旦点着，这时燃气已积累太多。

六、出水不热

用户反映出水不热的问题，一般多在冬天出现。它可能是由于外部原因引起，也可能是由于内部原因引起。检查时最好先排除外部原因，再检查内部。一般要考虑以下这些方面：

（1）水流量太大　根据前面讲到的热水器的"标准出热水能力"的概念，我们知道热水器不可能在任何情况下都能够达到它所标定的出热水能力。当要求出热水温度与进水温度之差超过25℃时，每分钟能够流出热水的升数就达不到它所标定的出热水升数。这时只能减少水流量，即关小进水或出水。关于这一点，一定要向用户解释清楚。

（2）热水管路太长　热水器出热水的温度，它是指在热水器的出热水口这一点进行测量的结果。因此，在热水管路太长，同时也没有对热水管路进行保温处理的情况下，由于冬天散热太大，就不能保证在终端也能达到所要求的温度。

（3）燃气供气问题　燃气供气不足的问题在春秋季节不容易被发现，而到冬天就容易暴露出来，表面现象就是出水不热。供气不足的具体原因在本章前面的相关部分都已提到。

（4）热水器的热交换器上积炭太多　热交换器是将燃气的热量转换为热水热量的关键部件。因为热交换器的翅片间隔比较小，燃烧中容易发生积炭。积炭发生后将使热交换性能大为下降。

打开热水器的面板，就能看到热交换器的翅片上的积炭情况。如果积炭严重，就必须拆下来进行清扫。一般说，此时在燃烧器的下部也能看到许多白色粉末，因此也必须对燃烧器进行清扫。热交换器翅片上的积炭及燃烧器产生白色粉末的情况，与所使用的燃气种类有关。使用人工煤气时容易发生，一般一年要清扫一次。使用液化石油气及天然气时，这种情况不太严重。

（5）控制电路（电脑）的故障。

（6）有的热水器中，调整二次压时要将一根切换导线分别插到"能力小"及"能力大"的位置。这时如果维修人员发生疏忽，将切换导线插到"能力小"上就收工，则热水器将始终工作在"能力小"状态，出水温度始终上不去。

七、水太烫

用户反映出水太烫的问题，一般多在夏天出现。要从以下几个方面进行考虑：

（1）供水水压太低　水压太低时，水在热交换器中的时间太长，出水温度太高。这时虽然热水器的控制部分也自动对温度进行了调节，但已超出调节的范围。因此各厂家生产的热水器对最低水压都有一定要求，使用说明书中大都写明 $0.7\sim0.8kgf/cm^2$（$70\sim80kPa$）。

利用房屋楼顶水箱供水时，最高两层用户家中的水压就达不到这一要求（详见"热水器的基础知识"一章）。

供水水压太低引起水太烫时，应该充分向用户说明这一情况，然后可建议用户采用以下方法中的一项或几项：

①加增压泵　家用增压泵的功率一般在 100W 左右，可安装在热水器进水处附近。增设增压泵后情况会有所改善，但要说明仅仅是改善。

②设置混合水龙头　调节在莲蓬头下方的混合水龙头，加入部分自来水，可降低一些温度。但加入的自来水不能太多，否则热水器将停止工作。这是因为：热水器内部没有增压部件，混合水龙头处加入自来水太多时，热水流动受阻太大，流量小到一定程度时，由于防干烧保护作用，热水器将停止工作。所以设置混合水龙头，将使一些老年用户感到不便。

③拿掉水量稳定器　在有些热水器的水量传感器中设置了一个水量稳定器，防止水压过高时热水温度过低。对于水压太低的用户，这个水量稳定器反而妨碍了热水的流动，拿掉后会使水太烫的情况有所改善。

④改为冬夏切换型　带有冬夏切换开关的热水器，当开关拨至"夏天"时，内部的部分喷嘴将停止供气，使火焰的温度降下来。家中水压太低的用户，可加装这种切换装置，但稍微麻烦一点。

⑤堵掉部分喷嘴　这与上述冬夏切换的道理是类似的，但因为它没有切换开关，到冬天不能切换回去，热水器的能力不能完全发挥出来。不过，对家中水压太低的用户并没有太大影响。因为即使到了冬天，他们家的燃气也不能开足，否则水也太烫。因此，堵掉部分喷嘴的方法是最简单有效的方法。但事先要充分说清情况，在用户自愿的情况下才能去实施。

（2）进出水管内径太小、或热水管道太长及转弯太多、莲蓬头（花洒）的阻力太大等，都使热水器出水阻力加大，水压损失增加；也造成水在热交换器中的时间太长，出水温度太高。因此，使用说明书中所写明的最低水压 0.7～0.8kgf/cm² （70～80kPa），要理解为不带后面热水管道时对水压的要求。有关该问题的详细讨论及计算，也请见"热水器的基础知识"一章。

（3）燃气压力太高　这种情况一般发生在使用钢瓶液化气时，钢瓶减压阀发生故障，输出燃气压力太高。

（4）前次维修时将二次压力调得太高，夏天温度降不下来。或因疏忽，将切换导线插到"能力大"上就收工，则热水器将始终工作在"能力大"状态，出水温度一直很高。

（5）控制电路失灵。

八、漏水

（1）因管路连接不好漏水　进出水管道，特别是三通、弯头及金属软管等接头处如密封处理不好，或者安装材料质量不好，容易造成漏水。

水量传感器的前后连接处，如装配不好，安装不到位，也容易造成漏水。有时是一般情况下它不漏水，但遇到像冻结膨胀这样的特殊情况，它可能就会漏水。

（2）因内部铜管砂眼而漏水　热水器内部的铜管都使用导热性能比较好的紫铜管，铜管壁并不厚。在一般情况下，它也能够承受一千多千帕的压力。如果铜管壁上有砂眼，则在使用一段时间后，有砂眼的薄弱处就可能发生漏水。特别是经过表面浸铅处理的紫铜管，一开始不容易被发现，时间一长容易出现这种情况。

（3）冬天冻裂引起的漏水　热水器内部的紫铜管，不能承受因水冻结而产生的膨胀力。特别是热交换器铜管的转弯处（图 8-14），因其被拉伸变薄，更经不起这膨胀产生的极大压力，因此它往往就是首当其冲的冻裂处。

为什么热水器安装在室内还会冻坏？这是因为面板上有百叶窗的热水器，空气对流很厉害。当夜晚热水器不工作时，室外的冷空气会从排烟管倒灌进入（图 8-15），而首当其冲的就是热交换器。

图 8-14

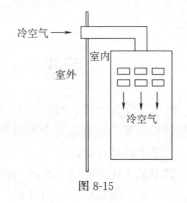

图 8-15

防止冬天发生冻结的一种方法，是在热水器内铜管上安装几只电加热器（图 8-16）。当室内温度降到一定度数时，加热器会自动对铜管进行通电加热。这种方法在一定程度上可防止发生冻结。但电加热器的功率是有限的，特别是当室外的风力过大而发生倒灌时，仍然可能发生冻结。

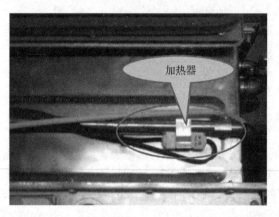

加热器

图 8-16

防止发生冻结的有效方法，还是进行放水处理。要注意的一点是，放水时必须将进出水处的过滤网或放水阀门等同时打开，才能将热水器内部的水放得比较干净（图 8-17）。仅打开放水阀门放水时，将有部分水留在热水器内，仍有可能冻结。放水处理比较麻烦，冬天每天用完热水器后都得放水，但它毕竟是最可靠的一个方法。

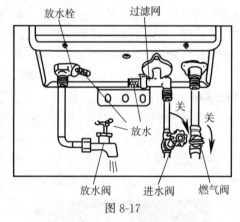

放水栓　过滤网
关
关
放水
放水阀　进水阀　燃气阀

图 8-17

第四节　燃气具故障举例

燃气具发生故障，有的是因为气具本身的质量问题引起，有的是因为使用年限过长引起，还有的是由于用户使用不当或者安装不当造成的。要正确加以区分，并果断进行处理。

其中关于使用年限过长的问题，要注意到《家用燃气燃烧器具安全管理规程》的规定：燃具从售出当日起，人工煤气热水器的判废年限应为 6 年，液化石油气和天然气热水器判废年限应为 8 年；燃气灶具的判废年限应为 8 年。如果燃气具超过了规定的使用年限，势必容易出现故障，要很好地向用户进行解释。

一、灶具故障例

（1）有一台带熄火保护装置的灶具，使用一段时间后，点火时松手即灭火。

诊断结果：热电偶头部脏了，用软布擦干净后正常。

（2）有一台带熄火保护装置的灶具，使用一段时间后，点火时松手即灭火，擦干净热电偶头部也不行。（有时点火信号也无。）

诊断结果：炉头上部的小火盖变形，更换一只小火盖后正常。

（3）太原市用户家（多起）的人工煤气用灶具，使用一段时间后，点火时松手即灭火，更换热电偶及小火盖都不解决问题。

诊断结果：太原市的人工煤气含硫量较高，引起与热电偶连接的安全阀线圈失灵，必须更换新的安全电磁阀。（有的人将安全装置拿掉，这是不安全的。）

（4）有一台使用液化石油气的灶具，使用一段时间后已不能工作。

诊断结果：点火时有放电信号，也能闻到煤气的气味，但就是不能点火。发现是小火喷嘴发生堵塞，因此不能点火。大火喷嘴正常，因此有煤气跑出。用缝衣针清洗小喷嘴后正常。（小喷嘴一般只有 0.5mm 左右，极易发生堵塞。特别是有的用户冬天违规将钢瓶加热，使不该挥发的成分也跑到气阀中。）

（5）有一台灶具平时使用正常，但如果将炒菜锅烧热后倒入酱油，灶具的火焰就会变黄。

诊断结果：酱油倒入加热后的锅中，酱油的分子将挥发出来（可闻到酱油的气味），酱油分子直接接触到灶具的火焰，火焰就会变黄。为证实这一点，可将灶具及气源移至室外通风处，黄焰将消失。

二、热水器故障例

（1）湖州市德清县一位用户的热水器有几个月未使用，重新再使用时，刚开机就停止。

诊断结果：开始维修人员将热水器中的主要部件如气阀、电脑板等都进行了更换，但仍然不解决问题。后来到室外检查排烟管，这才发现用户当初安装时，已将排烟管带网的头部锯掉。维修人员将排烟管取下，发现小鸟已在里面做了一个窝。由于不能进行排烟，安全保护装置——风压开关动作，让热水器停止工作。

（2）广东中山两兄弟都购买了强制给排气式热水器，安装完毕却不能使用，刚开机点燃就马上熄灭。

诊断结果：发现他们都没有安装双重排烟管，仅仅在墙壁上开了一个洞，空气不能很好地进入到热水器内部，因此开机点燃后保护装置起作用停机。经了解，购买时商场没有给他们随机烟管，他们也不知道应该安装排烟管。经到商场联系，在商场仓库的角落里找到了这两只排烟管。安装完毕，两台热水器全部正常。

（3）江苏吴江一用户新购买的一台热水器，安装后开机时有点火声音，但一直不能工作，维修人员更换了主要部件也无济于事。

诊断结果：最后拆下喷嘴组件观察，发现里面有白色泡沫塑料粒子将喷嘴堵塞，清除泡沫塑料粒子后工作正常。后来将这 情况向生产厂家进行反映，希望他们在包装时采取措施，别让泡沫塑料粒子脱落并进入热水器内部。

（4）杭州郊区一个用户的热水器有半年未使用，重新再使用时，怎么也开不起来。

诊断结果：热水器进水口处的过滤网已被铁锈堵塞，水量传感器中也积满了铁锈。这是因为用户装修房屋时所选用的水管质量较差，极容易生锈。仔细清除铁锈后，热水器恢复正常。

（5）绍兴某用户的代天然气（10T）用热水器，安装完毕怎么也开不起来，但灶具可正常工作。

诊断结果：热水器的供气管路是由房屋装修人员铺设的，暗设在墙壁内，转了好几个弯。为确定是否是供气问题，将原供气管断开，在热水器的进气口及最接近煤气表的地方，临时用一根明管相连接（见图8-18），结果热水器马上工作起来。事后用户找人将堵塞的供气暗管打通，热水器一直能正常工作。

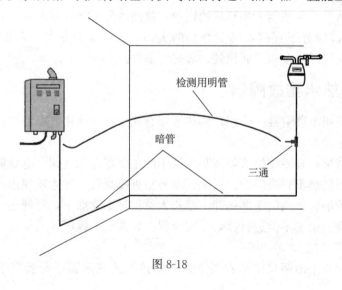

图 8-18

（6）杭州一位用户的人工煤气（5R）用热水器，春秋工作都正常，但感觉冬天出热水量不够。用户甚至自己购买了温度计和量杯进行测试，证明水量不够。维修人员曾经几次上门，未能找出原因。在灶具进气口处测量的燃气压力正常，更换了热水器的主要部件都不行。

诊断过程："春秋工作正常，冬天出热水量不够"的现象应该是供气不足引起的。但为什么几次上门都检查不出毛病，是因为用户家的供气管全部用钢管连接，在热水器的进气口处不容易将管断开；同时维修人员也考虑到该用户家从煤气表到三通，以及从三通到热水器距离都不长（见图 8-19），因此就认为供气的问题可能性不大。只在灶具进气口处测量了燃气压力，而这个地方的燃气压有 100mmH$_2$O（1kPa）左右，是正常数值。但为了要确定到底是不是供气问题，用钢管连接的地方再麻烦也应设法断开。结果断开后在热水器的进气口处测量燃气压力，只有 65mmH$_2$O（0.65kPa）左右，很明显供气远远不够。这时发现气阀内有不少已经干涸了的白色油漆，将白色油漆清除干净后，燃气压力升高至 76mmH$_2$O（0.76kPa）左右。再将气阀拆下，用一根铁丝将三通及其上下能够到的部位都进行了疏通，结果燃气压力再升高至 88mmH$_2$O（0.88kPa）左右。至此，维修人员已经在力所能及的范围内进行了处理。重新安装完毕，热水温度上升了好几度，热水量也相应加大，用户基本满意。

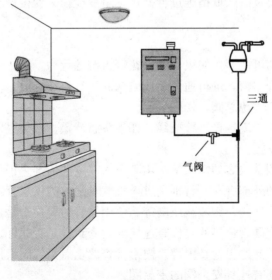

三通

气阀

图 8-19

（7）上海有不少用户家的人工煤气（5R）用热水器，每到冬天时就出现爆鸣声。

诊断结果：经向上海有关燃气管理部门了解，每到冬季，上海用气量大增，为保证燃气的热值，在燃气中增加了氢气的含量。因此，氢气含量增加是引起爆鸣声的原因。为解决这一爆鸣问题，除向用户进行解释外，还可采取相应的措施，比如设法将点火时风机的转速降低一些，即减少点火时的一次空气量。

（8）苏州有一位台商，请人装修房屋，装修的同时又买来一台热水器。他们没有请专业安装人员上门安装这台热水器，而是由装修人员自己进行了安装。结果接通水气电后一试机，热水器内部烧了起来。

诊断结果：维修人员闻讯上门进行了检查，发现是气阀内有细沙造成气阀漏气引起。经了解，原来是装修人员不小心，未安装前将已开箱的热水器放到地上，使细沙进入了热水器的进气口，安装前又未进行清洗。

第五节　安全事故处理

突发性安全事故一般是指中毒、水淹、火灾、爆炸等。首先是要避免发生这些事故，为此，用户应该购买质量有保证的合格产品；安装人员应该严格按照有关规定进行安装；用户应正确操作使用燃气具。在事故正在发生或已经发生的情况下，则要及时采取措施进行处理，争取让损失变得最小。

一、漏气

（1）严禁一切可能产生明火、电火花等火源的行为。

（2）迅速打开门窗，进行通风，让泄漏的燃气自然扩散。

（3）关闭外部气源总阀，切断气源。

（4）有必要时，现场设立警戒线。如果事态严重，必须立即撤离人员，打电话报警，请求支援。

（5）在没有测试仪表的情况下，用肥皂水（或洗洁剂）进行检查。

先从燃气具的外部查起。特别是进入燃气具之前的供气管路，如三通、弯头、管道连接部、气阀、钢瓶减压阀等。使用软管的要检查是否卡子松动或软管老化裂口，使用硬管连接的要检查连接处的密封性是否完好。

确认外部没有问题再检查内部。内部检查的重点是气阀组件，其次是气路中各连接部位，还有灶具安全阀的密封圈。

（6）因为钢瓶液化石油气用的橡胶软管松动、老化、裂口、被老鼠咬破等所造成的事故很多，要特别注意。根据深圳市的统计，2005年和2006年对使用中的燃气具所进行的安全隐患检查中，其中"胶管不合格"一项占到28%

左右；2006年上半年抢修的事故中，因供气软管问题引发的事故占到50%。

二、漏水

首先要判断是热水器外部还是内部漏水。

如果是外部漏水，如进出水管或接头处漏水，则解决外部问题。也应注意是否因过滤网未拧紧或密封圈破损而引起。

如果是内部漏水，首先应判断是否因水箱冻裂引起。冻裂都发生在冬季，冻裂的部位一般都在水箱的右上部转弯处（个别因冻结引起的漏水发生在水量传感器的入口处）。应明确由冻裂引起的漏水，不是质量问题，是使用不当造成。其他造成漏水的内部原因还可能有：水箱砂眼、水量传感器安装不到位等，一般在非冬季发生。

因热水器漏水而造成的房屋内水淹是个头疼的问题。这主要是因为用户使用完毕一般都不习惯关闭热水器前的进水阀门，同时又因一般厨房里都没有设置地漏。一旦发生热水器漏水，家中又没人时，水将源源不断从厨房流向客厅和卧室，浸泡地板和家具，甚至流到楼下邻居家，造成的损失将比较大。

三、中毒

（1）用户在使用燃气具时发生头晕等中毒症状时，维修人员也应首先判断是否燃气具本身的问题造成。

①检查从外部开始，要仔细用肥皂水（或洗洁剂）检查供气管路有无漏气。

②检查风门的开度是否足够，有无黄焰。

③检查燃烧器内是否有异物掉入或因燃气量过大等发生不完全燃烧，使烟气中一氧化碳超过标准。

（2）室内换气不好（门窗关得太死或未开排气扇），使室内一氧化碳积累太多。

（3）如怀疑燃气具本身有问题使烟气中一氧化碳超过标准，这时只有通过具备检测条件的质量监督检验部门，严格按照国家标准的有关规定进行检测来确定。

四、火灾及爆炸

避免发生火灾和爆炸的最根本的措施应是彻底避免燃气的泄漏，同时一旦发生燃气泄漏，在用户家中一定要避免火源的产生。这时要禁止开、关任何电器开关（如开抽烟机、拔电源插头等，图8-20），防止静电造成的放电，严禁在现场吸烟等。

其中千万不要忽视了吸烟的问题。香烟燃烧时其表面的温度达200～

300℃，而中心温度可达700~800℃。

防静电时也要注意到人体身上所带的静电，人体身上所带的静电主要是由衣物之间或者衣物与身体之间摩擦产生的。穿化学纤维制的衣物容易产生静电，在干燥的环境中（如冬天、北方）更容易产生静电。人体身上所带的静电可达几千伏甚至更高。

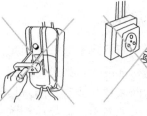

图 8-20

一旦发生了火灾及爆炸，还应该注意以下几点：

①发生燃气具烧坏甚至引起过火灾时，首先必须尽可能保持事故现场的原状。

②仔细观察并向用户详细了解火灾的起因。

③要先观察是否是由于外部原因引起。如进入燃气具之前的供气管路的有关部分漏气；由于燃气种类用错，火力太大；由于其他原因引起燃气具外部先燃烧等。

④如果外部完好正常，再检查燃气具内部。内部检查的重点是气阀组件，其次是气路各连接部位，还有灶具安全阀的密封圈、热水器的二次压调节螺钉等。热水器还要注意是否由于回火造成火焰外溢，这时要重点观察烧坏最严重的部位。

⑤一旦发生严重的火灾及爆炸事故，要积极配合消防等有关部门做好现场调查工作。

⑥燃气爆炸的力量是巨大的，所造成的损失将是严重的，我们一定要防止这类重大事故的发生。

2006年7月在深圳福田区一栋32层大厦内发生了一起管道液化气爆炸事故，不光该用户受了重伤、家中面目全非、损失惨重，还波及上下左右几十户邻居。楼内水气电全部瘫痪，六部电梯都遭到不同程度的损坏，经过5天抢修，其中4部电梯才恢复使用。据有关专家估计，这次爆炸释放的能量大约相当于几百公斤TNT炸药所释放的能量。图8-21为这次事故发生现场外部的局部照片。

图 8-21

附：爆炸的实质

燃烧和爆炸就其化学反应而言虽然没有区别，但毕竟是不同的。我们前面重点提到的预混式燃烧方式中，燃气和空气的混合气体在焰口处能保持稳定燃烧，这时燃烧速度与气流速度方向相反。但如果燃气存在于大气之中，一旦有点火源将它点着，这时由于燃烧速度与气流速度方向相同，燃烧不可能稳定进行，火焰将呈球状无控制地迅速向外扩散，这就是爆炸发生时的情况。如图 8-22 所示。

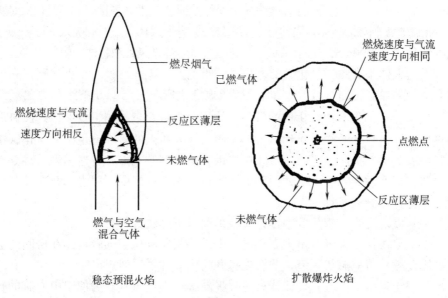

稳态预混火焰　　　　　　　　扩散爆炸火焰

图 8-22

爆炸发生时，能量以热、可见光和压力三种形式表现出来。热和可见光与普通燃烧一样，但压力是以冲击波的形态传播和扩散。因此，压力波的产生是爆炸不同于稳定燃烧的最主要特征，是爆炸发生的实质。

压力产生的原因是由于在火焰反应区内，燃气燃烧过程中，分子质量的巨大差异及热量释放形成的高温所造成。

五、特别提醒

①接到用户的突发性事故报告，维修点的反应一定要非常迅速，并及时地赶到现场。

②到现场后要仔细观察并向用户详细了解情况，并详细做好现场情况记录（有的现象可能当时认为无关紧要，但对以后分析可能很重要）。

③当情况不太清楚时，在现场不要轻易表态，但要做好用户的安抚工作。

④回到维修点后，要立即向自己的领导作详细汇报，同时要及时与生产厂家取得联系。

⑤找出原因，有了结论后，要及时进行处理，不得耽误时间。

六、一氧化碳（CO）中毒的急救方法

在燃气使用过程中，产生一氧化碳主要有两个途径：一是有的燃气（如人工煤气）本身含有一氧化碳，二是燃气不完全燃烧时会产生一氧化碳。一氧化碳是无色、无味、无刺激的气体，因此往往不容易被察觉。人体若短时间吸入高浓度或浓度虽低但吸入时间较长，都会造成一氧化碳中毒，通常又习惯称之为煤气中毒。

引起人体中毒的一氧化碳的入口是呼吸道，人体一旦吸入一氧化碳，它就与血液中的血红蛋白（Hb）结合成碳氧血红蛋白，它与Hb的亲和力比氧气大300倍，而碳氧血红蛋白的解离又比氧合血红蛋白慢3600倍，使血液本来应该输送氧气的能力受到阻碍，从而引起人体内的氧气不足。一氧化碳中毒轻微者头昏、头疼、恶心、呕吐；严重者出现四肢无力，昏迷不醒，甚至口吐白沫；再严重者呼吸中枢、循环中枢等重要中枢神经受到侵害，并在几分钟至几十分钟内导致死亡。

一旦发现有人一氧化碳中毒，应该采取以下办法进行急救：

①应尽快使中毒者脱离中毒现场。由于一氧化碳比空气轻，浮在房间的上部，因此救护者应俯伏入室，并首先打开门窗，加强通风。

②对于轻微中毒者，要让他充分呼吸新鲜空气或氧气。为便于中毒者的自主呼吸，应解开他的领扣、衣扣、腰带；如果是湿衣服，应该将它脱掉，但冬天要注意中毒者的保暖。

③对于中毒严重者，必须尽快抢救，可进行人工呼吸、及时吸氧或进行高压氧治疗。

七、缺氧窒息的预防和急救

因为燃气燃烧需要大量氧气助燃，在通风条件不好的密闭空间内使用燃气时，时间长了就会导致空气中氧气含量降低。正常情况下，空气中氧气的含量应该是21%左右。如果空气中氧气含量降至15%左右，对人会稍有影响，这时会感到要加深呼吸，脉搏加快；如氧气含量降至10%左右，就会造成呼吸困难，甚至已经很难移动；氧气含量降至7%以下时则可导致窒息死亡。

为了防止缺氧窒息的发生，首先是要普及预防缺氧窒息的知识，提高防范意识；其次是平时要保证安装有燃具的厨房内充分通风，特别是冬天，厨房的门窗不能关闭太严；安装燃具时，要重视在有燃具的厨房内设置供气口和排气口。

一旦发生了缺氧窒息的情况，要采取以下办法进行急救：

①立即将患者移至有新鲜空气的通风处，有条件时应尽快让他吸氧和进行高压氧治疗。

②患者处于昏迷状态时，应尽快进行人工呼吸，并给予呼吸中枢兴奋剂，尽早清除呼吸道中的分泌物，确保呼吸道畅通。

③人工呼吸法的主要方法有：仰卧屈伸两臂式，仰卧压胸式人工呼吸法，俯卧压背式人工呼吸法。

八、户内燃气泄漏及起火的紧急措施

户内出现燃气泄漏情况时，千万不可惊慌。一要果断地关闭离事故现场最近的燃气管道上的燃气阀门，切断气源；如果使用的是钢瓶，可关闭钢瓶角阀，以防事故继续蔓延和扩大。二要采取通风、防火措施，不得开关任何电器，避免敲击铁器，不吸烟，不打手机。三要查找漏气原因，如发现燃气管道有断裂、气孔漏气时，可用黏度较强的胶布临时缠扎，避免大量燃气泄漏。四要报告燃气公司马上进行抢修，如遇重大泄漏事故，应迅速撤离现场人员，隔离事故地带，并报公安消防部门。

发生燃气户内起火事故时，灭火的基本方法是要破坏燃烧必须具备的基本条件，终止燃烧反应过程。首先是关闭最近的阀门切断气源，如关闭钢瓶角阀，关闭厨房内管道燃气表前的阀门，如火势较大可将楼房附近的燃气管道总阀关闭。当阀门附近有火焰时，可用湿棉衣、湿毛巾等物包住阀门，再将其关闭。对于燃气引起的小火可及时用砂土、湿毛巾等扑灭，配备有干粉灭火器的可使用灭火器。干粉灭火器的灭火效率高，灭火时间短，但要干净彻底，不留后患，并进行冷却降温，防止发生复燃。

在事故现场还要注意自身的安全，要防止燃气中毒及被火烧伤。

【思考题】

1. 灶具发生回火的主要原因有哪些？

2. 灶具发生离焰的主要原因有哪些？

3. 灶具发生黄焰的主要原因有哪些？

4. 灶具发生爆燃的主要原因有哪些？

5. 家用燃气具的判废年限是如何规定的？

6. 维修燃气热水器时，什么是"先外后内"原则？

7. 遇到有一氧化碳中毒、缺氧窒息、燃气泄漏及起火等情况时应该分别采取哪些应急措施？

第九章　燃气具的耗气量及气种置换

第一节　燃气具的耗气量

一、耗气量的概念

用户购买和使用一台燃气具后，往往十分关心它的耗气量问题。特别是那些精打细算的用户，使用燃气热水器时常常还会去观察煤气表转动的快慢。

一台燃气具，"每个月煤气表要转几个字"这样的耗气量问题比较难以简单地回答，因为它还与每个家庭的使用次数、每次使用时间长短以及经常使用的热水温度等有关，更重要的是也与当地的燃气种类及燃气的热值等有关。

因此，各生产厂家一般常用热负荷（热流量）来表示燃气具的耗气量。

所谓热负荷（热流量）是指燃气的低热值和体积流量的乘积。其中低热值是指1立方米（m^3）的燃气完全燃烧后所产生的发热量（不包括水蒸气所含的潜热），而体积流量则是指单位时间内流过的燃气体积。如果体积用立方米（m^3）来表示，时间用小时（h）来表示，热量用焦［耳］（J）来表示，那么热负荷（热流量）的单位将是 J/h。但实际使用时嫌焦［耳］这个单位小，而是采用兆焦［耳］（MJ），$1MJ = 10^6J$。因此，热负荷（热流量）的常用单位是 MJ/h。现在也常用千瓦（kW）这个单位，$1kW = 3.6MJ/h$。

在有些场合，发热量也用卡（cal）或千卡（kcal）来表示，1kcal=1000cal。卡和焦［耳］的换算关系是：1cal = 4.18J。

二、耗气量大小的计算

不同燃气具厂家的不同型号的产品，特别是热水器，只要容量相同，它们的热负荷（燃气耗气量）其实相差都有限。

比如燃气灶具，一般单灶的热负荷多为 4kW 左右，即 14.4MJ/h 左右。

而燃气热水器的热负荷则与热水器的容量大小关系很大，可参见表 9-1。

表 9-1　　　　热水器的热负荷与容量的关系（综合参考几个厂家产品后的结果）

热水器容量	热水器的热负荷（大约）	
	以 kW 为单位	以 MJ/h 为单位
8 升机	16～17	57.6～61.2
10 升机	20～21	72.0～75.6
11 升机	22	79.2
16 升机	32	115.2

从这里我们可看到，我们不妨按照 1L 为 2kW 来估算，如 8 升机为 16kW，10 升机为 20kW 等，这样可以便于记忆。

以上的数据也说明了：一只单灶需要每小时能发出 14.4MJ 热量的燃气来供给；一台 8 升的热水器需要每小时能发出 57.6～61.2MJ 热量的燃气来供给；一台 10 升的热水器则需要每小时能发出 72～75.6MJ 热量的燃气来供给……。

然而，每小时发出这么多热量需要消耗掉多少立方米（m^3）的燃气，这就与燃气的种类以及燃气的热值大小有关。

举例来说，如果使用的是 12T 天然气，各城市各地区的天然气的热值也不完全相同，一般在 8139～9038kcal/m^3 的范围内。为计算方便，取它的中间值 8589kcal/m^3。通过换算，也可写作 35.9MJ/m^3。

根据这个热值，就可计算出使用 12T 天然气时，燃气具需要消耗掉的燃气量（将以单位 MJ/h 表示的燃气具热负荷大小除以 35.9MJ/m^3）。那么，在使用 12T 天然气的情况下，燃气具需要消耗掉的大致燃气量为：

单灶　　　　0.4m^3/h；

8 升机　　　1.65m^3/h；（取中间值）

10 升机　　2.06m^3/h；（取中间值）

11 升机　　2.21m^3/h；

16 升机　　3.21m^3/h。

如果使用的是人工煤气，情况就更加复杂一些。因为各城市，甚至大城市中的不同供气区域，所使用的人工煤气的热值都有可能不一样。以上海为例，虽然都是 5R 的人工煤气，但各个供气区域的气源不同，它们的热值从 14.62MJ/m^3（3497.6kcal/m^3）到 18.43MJ/m^3（4409.1kcal/m^3）不等。那么，根据这个情况来计算上海的人工煤气用户的燃气消耗量，将会有以下结果：

单灶　　　　　0.78～0.98m^3/h；

8 升机　　　　3.22～4.06m^3/h；

10 升机　　　4.00～5.05m³/h；
11 升机　　　4.30～5.42m³/h；
16 升机　　　6.25～7.88m³/h。

三、几点说明

（1）各厂家给出的燃气具的热负荷（燃气耗气量）都是指额定热负荷（额定热流量）。即在额定的燃气压力下，使用基准气，在单位时间内放出的热量。实际使用时，因为不一定是额定的燃气压力，使用的也不是基准气，数据肯定会有出入。

这里提到的"基准气"不是指普通使用的气，基准气是国家标准中规定的"试验用燃气"中的一种。它对于不同种类的燃气，分别就其成分、热值、密度、华白数和燃烧势做出了严格的规定。有关它的详细内容，请查阅国家标准GB/T 13611—2006"城镇燃气分类和基本特性"。

这里也顺便提醒一句，在维修人员与用户打交道中，有时用户可能对燃气具的某些技术指标提出疑义，有的甚至投诉到相关质量检测部门，要求进行数据检测。这时我们必须记住：要严格按照国家标准规定的内容和方法来进行检测，否则对谁都不公平。

（2）以上仅仅是举例说明了燃气具耗气量的计算方法。用户使用时，如果燃气阀门开得小，或者将热水器的温度调得不太高，那么耗气量自然就小。如果当地燃气的热值比举例的高，耗气量也会比以上数字小；相反，如果当地燃气的热值比较低，耗气量会比以上数字还要大。

（3）实际使用中还应该考虑一些其他因素。比如，如果一台燃气热水器使用了多年也未进行过清洗，热交换器上积炭过多，其热效率下降，则耗气量也会增加。

第二节　气　种　置　换

前些年气种置换的工作比较多。这些年随着城市的不断发展，使用天然气的地区越来越多，仍旧使用人工煤气的用户越来越少，因此需要进行气种置换的情况也就越来越少。但有关气种置换的内容在此仍旧保留，以供参考。

一、为什么要进行气种置换

城市中的燃气有几种，有的区域只有人工煤气；有的区域已经通上了天然气；还有的地方管道气暂时还没通，只能使用瓶装液化石油气。对于不同的气种，由于成分不同，热值等也不同，燃气具的某些部件及参数不同，燃气具基本上都不能通用。但随着城市的不断发展，不通气的地方会通上管道气；原来使用人工煤气及液化石油气的地方会逐渐用上天然气；还有的用户会从这个区域搬家到另外一个区域，两个地方气种不一样。所有这些都面临一个气种置换的问题，即要求对器具进行适当的改动，但保证原来的燃气具在新的气种下仍可以正常使用。所谓仍可正常使用，最重要的是应该达到原来的热负荷、废气中的一氧化碳指标不能超过规定标准等。

不同的气种有不同的热值，人工煤气的热值最低，液化石油气的热值最高。热值大致在以下范围：人工煤气　$1952\sim4177kcal/m^3$（$8.16\sim17.46MJ/m^3$）；12T天然气　$8139\sim9038kcal/m^3$（$34.02\sim37.78MJ/m^3$）；液化石油气　$21052\sim30193kcal/m^3$（$88\sim126.2MJ/m^3$）。不同的气种还有不同的工作压力，人工煤气的工作压力是$100mmH_2O$（1kPa），天然气是$200mmH_2O$（2kPa），液化石油气是$280mmH_2O$（2.8kPa）。除此之外，不同城市和地区，即使是同一气种，参数仍可能有差别。

因此，为适应不同气种的不同热值和压力，以及不同地区的不同情况，燃气具中某些部件的参数将会有所不同。对于灶具，主要的不同在喷嘴和风门，有的气阀和火盖等也有区别。对于热水器，主要的不同除了喷嘴和风门，工作压力（二次压）也不同，控制电路中的某些参数也不同；此外，个别产品甚至连燃烧器（火排）和热交换器等也不同。这些部件的参数是生产厂家通过对不同地区进行调查和大量试验后确定下来的。对不同气种和不同地区进行分类销售，就保证了燃气具的正常使用。

二、更换哪些内容

1. 喷嘴

进行气种置换时，灶具和热水器的喷嘴是首先需要变更的部件。不管是灶具还是热水器，使用人工煤气时，由于热值低、压力低，喷嘴的孔径就大；使用天然气时，由于热值增高、压力增加，喷嘴的孔径就要减小；而使用液化石油气时，由于热值和压力都最高，喷嘴的孔径最小。

为了说明喷嘴孔径与气种之间的变化关系，作者对某品牌部分不同型号灶具的喷嘴孔径（大火喷嘴）的数据进行了归纳，它们与各种燃气的关系分布在一条带状区域内，图9-1描述的是这个区域。但要说明的是，仅仅是对规定的燃气种类（LPG、12T、10T、7R、6R、5R）归纳了数据，而每两种燃气之间区域的数据实际上并不存在。

一般，使用液化石油气时喷嘴的孔径为1mm左右（小喷嘴只为其一半左

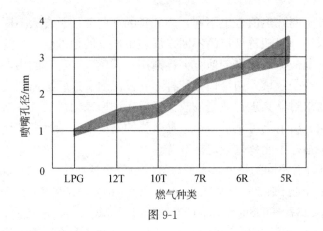

图 9-1

右），使用天然气时（包括 12T 天然气及 10T 代天然气）喷嘴的孔径为 1.5～
1.9mm，而使用人工煤气时喷嘴的孔径从 7R 到 6R 再到 5R 变化较大，为 2.5～
3.5mm。这仅仅是作者对一个品牌部分灶具的数据进行归纳的大致范围，每个
品牌的设计会不一样，因此进行气种置换时，具体数据要以生产厂家提供的
为准。

更换时，最好采用生产厂家提供的已经加工好的配套喷嘴。如果维修人员
自己用钻头将孔径扩大，不容易将孔打得很圆很准很光滑。如果是大孔改小
孔，采用铝箔胶带先贴上再用针头打孔的土办法更不可取。对于大容量的热水
器，由于它的多个喷嘴是在一块板上一次加工成型的，要采用生产厂家提供的
原配件（见"燃气热水器的分类及构造"一章）。

2. 风门

灶具的风门一般都采用可调风门，进行气种置换时，有的只需调整风门的
开度即可，但有的也必须更换新的。热水器的风门都采用固定风门，进行气种
置换时需要更换新的。风门主要控制一次空气量，更换后不得发生黄焰、回火
及爆燃等不正常现象。

3. 二次压

进行气种置换时，热水器的二次压必须重新调整，调整的方法在"燃气热水
器的工作原理"一章及下一节里作了介绍，但事先需要生产厂家提供具体数据。

同时，调整时需要使用燃气压力表。没有数字式压力表至少也应使用 U
形压力表，不能凭自己的经验去进行调整。没有压力表数据调不准确，调乱了
热水器还会无法正常工作。不得已时，U 形压力表甚至可以自己进行制作。

4. 控制电路

置换气种后，控制电路中的某些参数可能也要随之变更。因此在有的产品
的控制板上，设置有气种切换开关或切换导线。在气种置换时，要按照产品的

有关说明书将它切换到相应位置。

为了方便地变更控制参数，在有的产品的控制板（电脑板）上，还将调整风机转速、比例阀开度等参数的元件另外安装在一块小板上，并用接插件与大板连接。这样，进行气种置换时，只要更换这块小板就可以了。

5. 热交换器

对于不同的气种，个别产品的热交换器也有区别。液化石油气和天然气用的热交换器翅片比较密；而人工煤气用的热交换器，因担心它容易积炭，翅片就比较稀。

总之，置换气种时，为了降低更换成本，都希望更换的部件越少越好。但为了保证产品的性能质量，更换的部件又不能太少。因此，具体执行中必须兼顾到这两个方面。

三、气种置换的准备工作

（1）提前做好用户的调查工作，登记好用户所使用燃气具的品牌、型号、已经使用年限等。

（2）为了做好气种置换，生产厂家必须事先准备好"气种更换作业指导书"，并提供给参与置换的维修点。指导书中应详细记载不同型号的产品需要变更的元件及数据，还有正确的操作方法等。

（3）预先对相关人员进行技术培训，使参与人员熟悉更换的内容，熟练掌握操作方法。

（4）生产厂家事先提供相应的更换元部件。

（5）参与置换的单位事先将需要更换的元部件按户进行小包装，以免更换时忙中出错。

第三节　气种置换操作实例

为了更加具体地说明如何进行气种置换的操作，下面列举一个实际的例子。

有一台松下 10 升燃气热水器，原来使用液化石油气，现在要改为使用12T 天然气。

一、需要更换的部分

供气由原来的液化石油气改为 12T 天然气，松下 10 升机需要更换的部分为：喷嘴、风门、控制电路板，同时二次压需要重新进行调整（各部分位置见图 9-2）。其中控制电路板不需要更换整块板，只要更换位于大电路板上的设定基板即可（图9-3）。

二、喷嘴的更换

将喷嘴座与燃烧器连接的两只固定螺钉卸掉，再将喷嘴座与燃气比例阀连接的两只固定螺钉也卸掉，如图9-4所示，取下喷嘴座。将喷嘴座上的六只喷嘴拧下，再将12T用的六只喷嘴拧至一半，涂上密封剂后再拧紧。

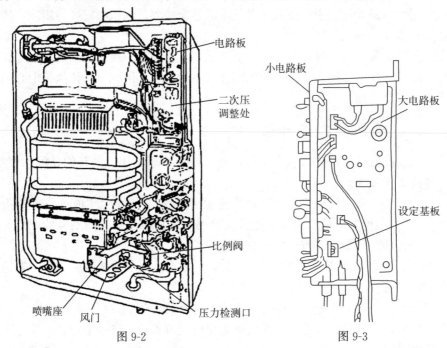

图9-2

图9-3

要特别提醒的是：取下喷嘴座后，可以看到比例阀处有一只密封橡胶圈（图9-5），操作过程中千万别弄丢这只密封圈。

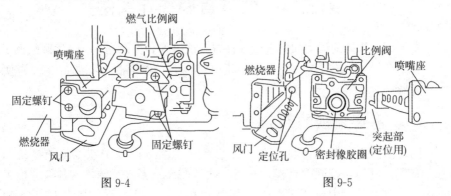

图9-4

图9-5

待风门也更换好，重新将喷嘴座安装回去时，要将喷嘴座上的突起部插入风门上的定位孔中，进行定位（图9-5），然后拧回四只固定螺钉。

三、风门的更换

液化石油气用的风门与12T天然气用的风门是不同的，需要更换。

卸掉风门上的一只固定螺钉后就可取下风门。安装新风门时，要将风门上的突起部插入燃烧器上的定位孔中，进行定位，然后拧上风门固定螺钉，如图9-6所示。

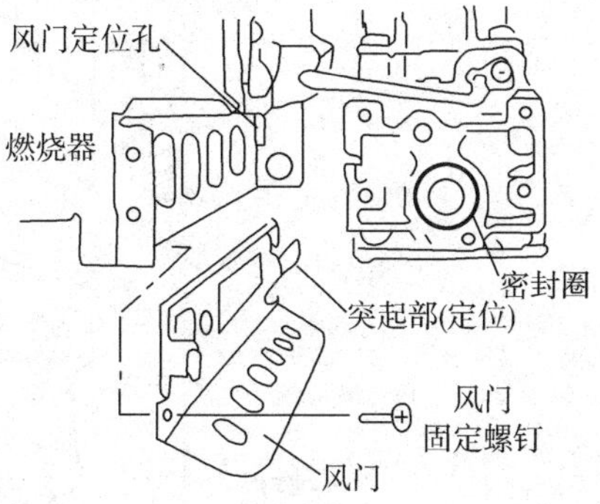

图9-6

四、电路板的更改

由液化石油气改为12T天然气时，控制电路板（电脑板）的某些参数必须变动。为了仍旧利用原来的电路板，已将需要变更的几个元件集中在一块小板（设定基板）上，只要更换这块设定基板即可。

控制电路板组件分为大小两块，小板朝外，大板在内。设定基板位于大电路板的左下部（见图9-3及图9-7），由于使用接插件与大板连接，更换十分方便。

五、二次压的调整

置换气种时，二次压必须重新调整。调整前要将喷嘴、风门及设定基板更换完毕，同时将喷嘴座上压力检测口处的密封螺钉卸掉（图9-2），接上数字燃气压力表或U形压力表。要特别保护好这只密封螺钉，出厂时在它的螺纹部已涂有密封胶，注意不要粘上脏物。另外，要将电路板上面一根切换导线由"液化石油气接插处"（标记LPG）改插到"人工煤气、天然气接插处"（标记TG）。操作时请参照图9-7。具体步骤如下：

①二次压调整先从"能力小"开始。

②将电路板上下面一根切换导线由"正常位置"改插到"能力小"接插处，轻轻旋转能力小调节电位器，使压力表读数显示为（13±1）mmH$_2$O。

③再将该切换导线由"能力小"接插处改插到"能力大"接插处，轻轻旋转能力大调节电位器，使压力表读数显示为（91±1）mmH$_2$O。

④再将该切换导线由"能力大"接插处改插到"能力小"接插处，看"能力小"的数据有无变化。这样反复一、两次，直至"能力小"和"能力大"的数据都符合要求为止。

— 181 —

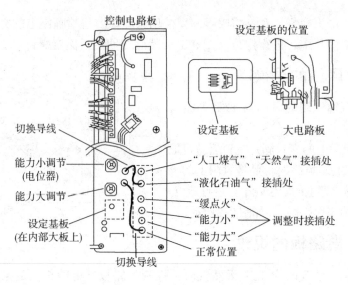

图 9-7

⑤然后将该切换导线接插到"缓点火"位置,看压力表读数是否在 (59 ± 10) mmH$_2$O 的范围之内。如果偏差太大,需要通过适当调整"能力大"和"能力小"的数据来改变"缓点火"数据。不过因为"缓点火"数据范围比较宽,一般都容易满足要求。

⑥这几个数据调整完毕,一定要将该切换导线接插到"正常位置"。

⑦取下燃气压力表,并将密封螺钉拧回压力检测口处。至此,二次压调整工作完成。

热水器型号不同,数据会稍有不同,但调整方法都一样。

第四节　无线远传燃气表

通过燃气表计算每月燃气的使用数量,用户按照每月消耗燃气的立方米数缴费。这种传统的人工抄表缴费模式给燃气公司和用户都带来诸多不便,并且每当燃气公司人员每月挨家挨户上门抄表收费时,经常发生入户难、抄表难、收费难等问题。

无线远传燃气表就很好地解决了这些问题。

无线远传燃气表的外观与传统的齿轮式机械燃气表似乎区别不大(图9-8),实际上它的构造和原理等完全不同。首先,燃气度数在表内已经变成了脉冲数字信号,并由内部的数据采集器和控制器,无线远传芯片将信号变成可进行无线传输的燃气数据。再由无线方式自动上传给楼宇主机,楼宇主机通过无线方式把数据传给集中器，集中器通过网络把数据传给管理中心的计算机，由此实现在管理中心自动抄录所有的用户的燃气表数据。图 9-9 是无线数据传输的示意图。

图 9-8

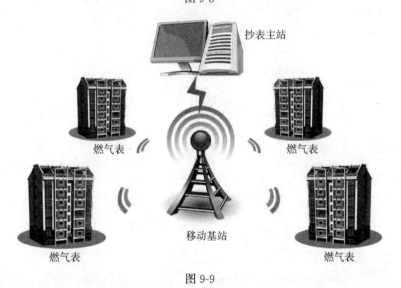

图 9-9

该系统不仅仅是从用户那里抄录所消耗燃气的数据，并通过计算机计算出应付金额数等相关数据，还要反馈告知用户所消耗燃气的数量及应付金额。此外，还可实现远程控制阀门、进行在线监测、故障监测等操作。因此，本系统采用的是无线双向通信技术，使系统各组成设备可进行双向数据交换，实现了数据远程传输和控制的功能。

现在用户缴费就十分方便了。只要在手机相关 App 里开通了相应功能，并且预存了足够的钱。每个月或者每两个月一次，燃气公司就从用户的账户中扣除应该缴纳的燃气费用。用户在手机里也可随时查到相关信息。

【思考题】

1. 燃气具的耗气量与哪些因素有关？
2. 燃气具的热负荷常用什么单位来表示？
3. 什么是气种置换问题？
4. 气种置换时要更换哪些内容？
5. 置换前应该做哪些准备工作？

第十章　电气基本常识

第一节　电气基础知识

一、电的产生

用丝绸摩擦玻璃棒或用毛皮摩擦橡胶棒后，玻璃棒或橡胶棒可以吸起小纸片，这就是摩擦生电的典型例子。其原理是摩擦时产生的热使物质分子运动加快，引起了较多电子的转移。如用丝绸摩擦玻璃棒时，电子就从玻璃棒表面转移到丝绸表面去，玻璃棒就失去电子而带正电。

摩擦生电的例子还有不少，如用塑料梳子梳干燥头发时，头发会蓬起来；秋天干燥季节穿化纤衣服容易粘在身上等。摩擦产生的电是静电，只要停止摩擦，静电就会逐渐消失。

静电的特点是：电压很高，能量不大，容易在尖端放电，会发生静电感应。

在燃气行业，静电是有害的。它可能会引起火灾或爆炸，因此要设法消除静电。消除导体上的静电，常常用"接地"的方法，即在导体上接出一根导线，与埋入地下的金属棒连接起来。消除绝缘体上的静电，常常采用以下一些方法：增加空气湿度，降低绝缘体的电阻率，静电中和及掌握静电序列的规律。如为防止静电，在服装布料生产中采用混纺技术，掌握了静电序列的规律。

物体所带电荷有两类，即正电荷及负电荷。当两物体所带电荷性质相同时，两物体将相互排斥——同性相斥；当两物体所带电荷性质不同时，两物体将相互吸引——异性相吸。这种在两物体之间产生的吸引力或排斥力的力场称为电场（或静电场）。

摩擦生电，仅仅是产生电的方法之一。发电的方法有很多，如让导体在磁场中运动，化学作用，光、热、压力作用等都可以发电。发电就是把其他形式的能量转化成电能。

导体在磁场中运动产生电的典型例子是发电厂的发电机，可以利用火力发电，也可以利用水力发电、核能发电、风力发电等。化学能转换成电能的典型例子是日常生活中经常使用的干电池，太阳能电池则是把光能转换成电能，热电偶是将热能直接转换成电能。而燃气具行业经常用到的压电陶瓷，它受到压力时也能产生电能。

二、直流电与交流电

电分为直流电与交流电。电流的方向不随时间变化的是直流电，电流的大小和方向随时间变化的是交流电。

假设在电路中有两个点 A 与 B（图 10-1），如果电流始终从 A 流向 B 或从 B 流向 A，这就是直流电。如果电流一会儿从 A 流向 B，一会儿又从 B 流向 A，且周期性地变化下去，而且电流大小也在由小变大，再由大变小，这就是交流电。

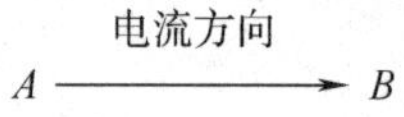

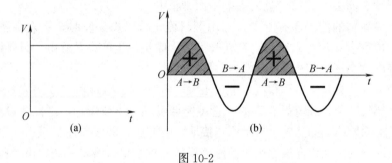

图 10-1

常用电压-时间图来描述。图 10-2（a）为直流电压，图 10-2（b）为交流电压。图中纵坐标表示电压 V 的大小，横坐标表示经过的时间 t。一般将时间轴的上部规定为正方向，时间轴的下部规定为负方向。这里"正"（＋）"负"（－）仅表示电流流动的方向相反。

图 10-2

但是，交流电的这种变化波形用万用表之类的普通工具是无法测出来的，因为它变化太快。就拿我们常用的 220V 市电来说，频率为 50 或 60Hz。50Hz 的意思就是每秒变化 50 次，也就是在图 10-2（b）中，由"A"到"B"，再由"B"到"A"，1s 内将出现 50 个这样的波形，每个波形仅占有 0.02s，因此用万用表无法测出。要看见这样的波形图，只有借助于示波器这样的工具。

三、电路的基本参数

1. 电路

电流流经的路程称之为电路。最简单的电路也必须由电源、负载及连接导线组成。

电源是产生电流的源泉，它是将其他能量转换成电能的装置。在直流电路

中最常见的是电池。电池有正极及负极，电流
从正极流出，经过连接导线及负载，流回负极
（图 10-3）。负载是为了实现某一目的而设置的
元部件或一套元部件的组合，如电阻器、电容
器、电感器及晶体管等，家用电器就是我们日
常生活中每天都在使用的负载。

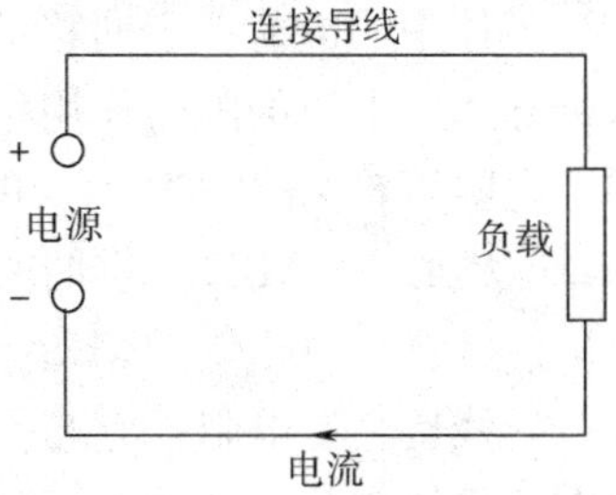

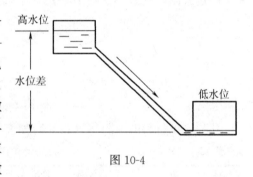

图 10-3

2. 电流

电荷在导线中的定向运动（流动）叫做电
流。一般又以正电荷流动的方向规定为电流的正方向。电流的大小叫电流强度，
用符号 I 来表示，单位为安［培］（A）。有时也用毫安（mA）及微安（μA）来
做电流单位。它们的换算是：

$$1A=1000mA \qquad 1mA=1000\mu A$$

3. 电位及电压

水从高水位流向低水位，这个
高低水位之差称为水位差（图 10-
4）。同样，电路中任何一点都有电
位，电流也从高电位流向低电位。
高低电位之差称为电位差，也叫做
电压，用符号 U 表示，电位差的单
位是伏［特］（V）。常用的电压单位
还有千伏（kV）、毫伏（mV）和微
伏（μV）。它们的换算关系是：

图 10-4

$$1kV=1000V \qquad 1V=1000mV \qquad 1mV=1000\mu V$$

电压也是有方向的，电压的方向规定为由高电位指向低电位。

4. 电功率

电荷移动（即电流）可做功。电能做的功可以转换为热能，如电热水器；
也可以转换为光，如电灯；也可以转换为声音，如扬声器等。

电流做功的功率称为电功率，用符号 P 表示，单位是瓦［特］（W）。常
用的电功率单位还有千瓦（kW）、毫瓦（mW）等。它们的换算是：

$$1kW=1000W \qquad 1W=1000mW$$

四、构成电路的基本元件

（一）电阻器

1. 电阻的单位及电阻率

导体中的电荷在定向移动时，常与其他原子或电子发生碰撞而受到阻碍，这种导体对电流的阻碍作用称为电阻。

电阻用符号 R 表示，单位是欧［姆］（Ω）。常用的电阻单位还有千欧（kΩ）及兆欧（MΩ）。它们的换算关系是：

$$1MΩ=1000kΩ \qquad 1kΩ=1000Ω$$

导线也会有电阻，它与导线的长度、导线面积及导线材质有关。导线的材质在这里体现为材料的电阻率，材料不同则电阻率不同。如果一根导线的长度为 L（单位为 m）、截面积为 S（单位为 m^2）及电阻率为 ρ（单位为 Ω·m），则电阻 R 与它们的关系为：

$$R=\frac{\rho L}{S}$$

也就是说，导线的截面积越小，长度越长，电阻率越大，则它的电阻就越大，反过来则电阻就小（图 10-5）。

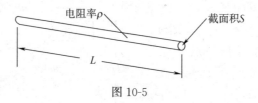

图 10-5

几种常见材料的电阻率（20℃）如表 10-1 所示。

表 10-1 　　　　　　　　　常见材料的电阻率　　　　　　单位：（Ω·mm²/m）

材料	银	铜	铝	低碳钢	锰铜	康铜	镍铬合金	铁铬铝合金
电阻率	0.0165	0.0175	0.0283	0.13	0.43	0.49	1.1	1.4

电阻率小的物质为导体，如铜、铝、盐水等电阻率大的物质为绝缘体，如橡胶、空气、干的木材等。导电性能介于导体和绝缘体之间的物质为半导体，如锗、硅、硒等。

2. 电阻器的主要参数

电阻器是组成电路的基本元件之一。电阻器的种类很多，按其结构可分为固定电阻器和可变电阻器（电位器、WT 型等），按导电材料可分为碳膜（RT 型）、金属膜（RJ 型）、金属氧化膜（RY 型）、线绕（RX 型）和有机合成电阻器（如 RS 型）等。

（1）标称阻值和偏差　标称阻值是工厂生产的系列电阻器的电阻值，常见的有 E6、E12、E24 等系列。偏差是实际阻值与标称阻值的误差，一般分为三个等级：Ⅰ级为±5％、Ⅱ级为±10％、Ⅲ级为±20％，分别用字母 J、K 和

M 表示。常见电阻器阻值系列见表 10-2。

表 10-2 　　　　　　　　　　 **常见电阻器阻值系列**

系列	偏差	电阻的标称值
E24	Ⅰ级（J），±5%	1.0, 1.1, 1.2, 1.3, 1.5, 1.6, 1.8, 2.0, 2.2, 2.4, 2.7, 3.0, 3.3, 3.6, 3.9, 4.3, 4.7, 5.1, 5.6, 6.2, 6.8, 7.5, 8.2, 9.1
E12	Ⅱ级（K），±10%	1.0, 1.2, 1.5, 1.8, 2.2, 2.7, 3.3, 3.9, 4.7, 5.6, 6.8, 8.2
E6	Ⅲ级（M），±20%	1.0, 1.5, 2.2, 3.3, 4.7, 6.8

（2）额定功率　电阻器的额定功率是指电阻器在电路中长时间工作时，所允许消耗的最大功率。2W 以上的电阻器，额定功率直接标在电阻上；2W 以下的电阻器，以自身体积大小表示其功率。

3. 电阻器参数的标注方法

常用的标注方法有：

（1）直接标注　在电阻器表面直接写明电阻的参数。如 510Ω±10%。

（2）文字符号标注　将电阻器的参数用规定的文字符号写在表面。如 5.1K 的电阻器标注为 5K1。

（3）数码标注　用三位数字表示电阻器的参数。数字从左到右，第一、第二位为阻值的有效数字，第三位表示零的个数。如 512J，表示它的阻值为 5100Ω，字母 J 表示偏差为±5%。

（4）色环标注　在电阻器表面用四道或五道色环表示电阻的参数，各道色环所代表的意义如图 10-6 所示。其中：一般电阻的第一、第二位数、精密电阻的第一至第三位数，表示电阻的阻值大小；"数量级"表示该阻值还应乘以 10 的几次方。表示阻值大小的部分，色环颜色所代表的数字如表 10-3 所示；而"允许偏差"的色环颜色所代表的数字如表 10-4 所示。

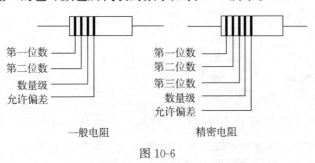

图 10-6

表 10-3　　　　　　　表示电阻值大小的色环颜色所代表的数字

颜色	黑	棕	红	橙	黄	绿	蓝	紫	灰	白
代表数字	0	1	2	3	4	5	6	7	8	9

表 10-4　　　　　　　表示允许偏差的色环颜色所代表的数字

颜色	棕	红	绿	蓝	紫	白	金	银	无
允许偏差	±1%	±2%	±0.5%	±0.2%	±0.1%	±50%~±20%	±5%	±10%	±20%

4. 电阻的串联与并联

几个电阻首尾相连，使电流只有一条通路，这种连接方式称为电阻的串联 [图 10-7（a）]。这时，电路的总电阻（又叫等效电阻）等于各电阻之和：

$$R = R_1 + R_2 + \cdots + R_n$$

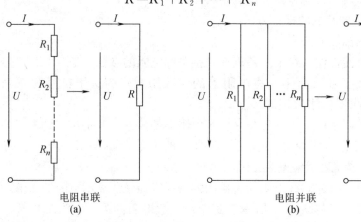

电阻串联　　　　　　　　　　　　电阻并联
(a)　　　　　　　　　　　　　　　(b)

图 10-7

几个电阻首与首相连，尾与尾相连，各电阻都承受相同的电压，这种连接方式称为电阻的并联 [图 10-7（b）]。这时，电路的总电阻（等效电阻）的倒数等于各电阻倒数之和：

$$\frac{1}{R} = \frac{1}{R_1} + \frac{1}{R_2} + \cdots + \frac{1}{R_n}$$

（二）电容器

1. 概述

能够储存电场能量的器件叫做电容器。最简单的电容器是由两块金属极板，间隔以介质（如云母、绝缘纸、电解质等）所组成，如图 10-8 所示。

加上电源后，极板上分别聚集起等量异号的电荷，在介质中建立起电场，并储存有电场能量。电源移去后，电荷将继续聚集在极板上，电场继续存在。

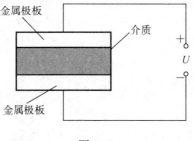

图 10-8

如正极板上的电荷为 q，两极板间的电压为 u，则有以下关系：

$$q = Cu$$

式中 C 就称之为该元件的电容。电容 C 是一个与电荷 q、电压 u 无关的常数。电容的单位为法〔拉〕（F），实际中常用的是微法（μF）和皮法（pF），它们之间的换算为：

$$1 \text{法〔拉〕（F）} = 10^6 \text{微法（}\mu\text{F）} = 10^{12} \text{皮法（pF）}$$

电容器按容量是否可调整，可分为固定电容器、可变电容器和半可变电容器（微调电容器）；按介质情况，可分为空气介质电容器、纸介、云母、陶瓷、涤纶、玻璃釉、电解电容器等。

常用的电容器及其型号是：金属化纸介电容器——CJ 型，云母电容器——CY 型，油质电容器——CZ 型，涤纶电容器——CL 型，瓷介电容器——CC 型，铝电解电容器——CD 型，瓷介微调电容器——CCW 型，薄膜介质可变电容器——CBM 型。

电容器的额定工作电压：又称为耐压，是指电容器长期安全工作时所允许加的最大直流电压。实际使用时，所加电压应该小于额定工作电压。

2. 电容器的串联与并联

实际使用中，有时要将多个电容器串联或并联起来，此时的等效电容可按以下方法计算。

电容器串联后，等效电容的倒数等于各电容倒数之和〔图 10-9（a）〕：

$$\frac{1}{C} = \frac{1}{C_1} + \frac{1}{C_2} + \cdots + \frac{1}{C_n}$$

电容器并联后，等效电容等于各电容之和〔图 10-9（b）〕：

$$C = C_1 + C_2 + \cdots + C_n$$

(三) 电感

如图 10-10 所示，用导线绕制成空心或有铁芯的线圈，在线圈中通以电流 i，则将产生磁通 Φ_L。若磁通 Φ_L 与线圈的 N 匝都交链，则磁通链 $\psi_L = N\Phi_L$。Φ_L 和 ψ_L 都是由线圈自身的电流产生的，叫做自感磁通和自感磁通链。当电流 i 变动时，磁通链也随之变动，而线圈两端将感应出电压 u。

线性电感元件的自感磁通链 ψ_L 与元件中电流 i 有以下关系：

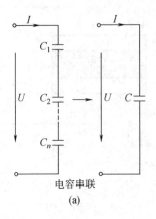
电容串联
(a)

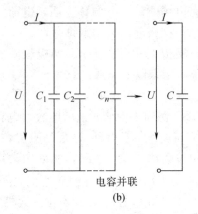
电容并联
(b)

图 10-9

$$\psi_L = L_i$$

式中 L 就称之为该元件的自感或电感，L 是一个常数。电感的单位为亨[利]（H），有时还使用毫亨（mH）和微亨（μH）作为电感的单位，它们之间的换算为：

$$1 \text{ 亨 [利] (H)} = 10^3 \text{ 毫亨 (mH)} = 10^6 \text{ 微亨 (μH)}$$

电感元件是一种储存磁场能量的元件。

五、欧姆定律

欧姆定律是反映电路中电动势、电压、电流和电阻之间关系的重要定律。

图 10-11 是一个不包含电源的部分电路，实验证明，电路中电流 I 的大小与电阻两端电压 U 的大小成正比，与电阻 R 的大小成反比。即

$$I = \frac{U}{R}$$

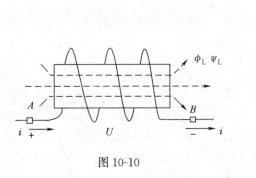

图 10-10

图 10-11

也可以写成：

$$U = IR \ \text{或} \ R = \frac{U}{I}$$

六、变压器及电动机

(一) 变压器

变压器是利用电磁感应原理，将一组交流电压变为另一组或两组以上的交流电压，它们频率相同，但变换后的电压数值一般情况下各不相同。

以一组交流电压变为另一组交流电压的情况为例来说明变换关系。将接交流电源的绕组称为一次绕组（有时也叫初级绕组），其匝数用 N_1 表示；接负载的绕组称为二次绕组（有时也叫次级绕组），其匝数用 N_2 表示（图 10-12）。经过推导，在不接负载的情况下，电压变换关系为：

$$\frac{U_1}{U_2} = \frac{N_1}{N_2}$$

即变压器一、二次绕组的电压与匝数成正比。

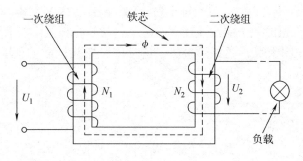

图 10-12

在强排式热水器中，电路控制部分都要使用低压直流电源进行供电，这时就少不了电源变压器。先将 220V 的交流电压 U_1 变换成交流低压 U_2，再经过一套整流、滤波及稳压电路，得到稳定的直流电压。这时变压器次级的匝数 N_2 就要比初级的匝数 N_1 少得多。

(二) 电动机

1. 电动机的组成结构

三相异步电动机由不动的定子及旋转的转子两个主要部分组成，大致结构如图 10-13 所示。定子中有三个绕组，产生旋转磁场。三个三相分布的绕组可以组成三角形，也可以组成星形。

单相异步电动机是用单相交流电源驱动的电机。它的结构与三相异步电动

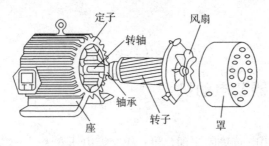

图 10-13

机类似，但单相异步电动机只有一个单相交流绕组。为了让它在接通电源的瞬间产生一个旋转磁场，常用加电容器的方法来让单相异步电动机启动，这只电容器也叫"移相电容"。

2. 电动机的三角形接法与星形接法

在我们日常工作和生活中，经常要与电动机打交道，而电动机与电源的连接方法通常有两种，即三角形接法与星形接法（星形接法也写作 Y 形接法）。

如果电动机的三个绕组首尾相接，构成一个三角形，每个三角形的顶点与一根相线相接的是三角形接法，这时每相绕组上的电压为 380V［图 10-14（a）］。

如果三个绕组的一个端点连接在一起，并与中线相接，三个绕组的另外端点分别与三根相线相接的是星形接法，这时每相绕组上的电压为 220V［图 10-14（b）］。

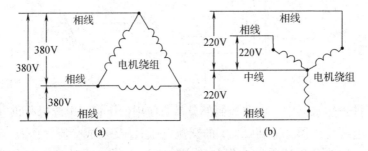

图 10-14

七、供电方式

民用供电一般都采用三相四线制的方式（图 10-15），即有三根相线（火线）及一根中线（零线）。用电负载可以是单相的（只用一根相线），如电灯、电视机、普通空调等；也可以是三相的（三根相线都要用），如三相电机等。两根相线间的电压为 380V，每根相线与中线间的电压为 220V。

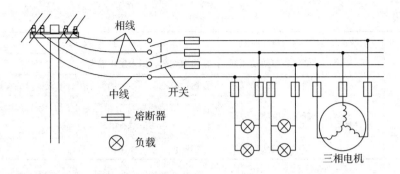

图 10-15

第二节 安全用电

由于电路的短路、断线、漏电等原因，可能会造成人身事故或设备事故，还有可能引发火灾或爆炸。因此在用电的时候，要特别注意安全问题。

一、影响触电后果的因素

人体发生触电后，有的只是有一种被"打"了一下的感觉，虽说不舒服，但仍无大碍。有的则严重一些，可能会被"打"得昏迷过去。再严重一些的，可能心脏会停止跳动，危及生命。同样是触电，后果为什么会有这样大的区别？这与许多因素有关。影响触电后果的因素有以下一些。

1. 通入人体电流的大小

通过人体的电流很小时，人可能没什么感觉。随着电流的增大，人的反应开始加大。通过人体的电流越大，致命的危险性越大。根据研究和对已发生事故的资料进行统计，通过人体电流的大小使人体产生的反应有表 10-5 所示的结果。

表 10-5   工频电流对人体的作用

电流范围	电流/mA	电流持续时间	生 理 反 应
O	0～0.5	连续通电	没有感觉
A_1	0.5～5	连续通电	开始有感觉，手指、腕等处有麻感，没有痉挛，可以摆脱带电体
A_2	5～30	数分钟以内	痉挛，不能摆脱带电体，呼吸困难，血压升高，是可忍受的极限
A_3	30～50	数秒到数分	心脏跳动不规则，昏迷，血压升高，强烈痉挛，时间过长即引起心室颤动

续表

电流范围	电流/mA	电流持续时间	生 理 反 应
B_1	50～数百	低于心脏搏动周期	受强烈刺激，但未发生心室颤动
		超过心脏搏动周期	昏迷，心室颤动，接触部位留有电流通过的痕迹
B_2	超过数百	低于心脏搏动周期	在心脏搏动周期特定相位触电时，发生心室颤动，昏迷，接触部位留有电流通过痕迹
		超过心脏搏动周期	心脏停止跳动，昏迷，可能致命

注：O——没有感觉的范围；A_1～A_3——不引起心室颤动、不致产生严重后果的范围；B_1～B_2——容易产生严重后果的范围。

从表 10-5 可见，当频率为 50～60Hz（即工频）时，30mA 以下的交流电对人体是安全的；电流为 50mA 时将导致人昏迷；电流为 100mA 时将导致人死亡。30mA 是一个可承受的极限值，这个极限值称为"安全电流"。

2. 电流通过人体的时间

电流作用于人体时间的长短，直接关系到人体各器官的损害程度。电流在人体内作用的时间越长，危险性越大。所以当发生触电事故时，应立即切断电源或使触电者迅速安全地脱离电源。

3. 电流流过人体的途径

电流如果通过人体的心脏，会引起心室颤动甚至心跳停止；电流如果通过人体的中枢神经及有关部位，会引起中枢神经强烈失调；电流如果通过头部，会严重损伤大脑；电流如沿着人体的脊髓流过（如从手流到足），会使人截瘫……。总之，没有绝对安全的途径。但流过心脏等重要器官的途径，是最危险的。

4. 电源的频率

由于人的心脏的搏动周期的关系，频率为 50～60Hz 的电流对人体触电伤害程度最为严重。低于或高于这个频率时，其伤害均有不同程度的减轻。

5. 触电者的健康状况

各人的身体状况不同，其触电危害程度也不同。患有心脏病、肺病、神经系统疾病和内分泌失调及酒醉者，触电的危险最大。

人体电阻的大小是影响触电后果的重要物理因素。接触电压一定时，人体电阻越小，流过人体的电流越大，触电者也就越危险。

在皮肤干燥而又没有外伤的情况下，人体电阻很大，其阻值为 10～100kΩ 或更高。但如皮肤潮湿、出汗、粘有导电物质、有外伤及由于电流作用时间稍长，使角质破坏后，人体电阻就可能降到 800～1000Ω。

6. 作用于人体的电压

触电伤亡的直接原因在于电流在人体内引起的生理病变。显然，此电流的大小还与作用于人体的电压高低有关。这不仅是由于就一定的人体电阻而言，电压越高，电流越大，更由于人体电阻将随着作用于人体的电压升高而非线性急剧下降，致使通过人体的电流显著增大，使得电流对人体的伤害更加严重。

我国规定适用于一般环境的安全电压为 36V。但要注意的是，不同环境条件下的安全电压是不同的。比如，对于潮湿而触电危险性又比较大的环境，安全电压则规定为 12V。

二、人体触电的方式

人体触电的方式是多种多样的，从其与电源接触情况的不同可分为：两线触电、单线触电及接触电压和跨步电压触电等情况。

1. 两线触电

如果人体的不同部位同时接触同一个电源的两根导线［同时接触两根相线或一根相线和中线（即零线）］，电流以一根导线经人体流至另一根导线。在电流回路中只有人体电阻，其电压为线电压或相电压（图 10-16）。在这种情况下，触电者即使是穿上绝缘靴或站在绝缘台上也起不了保护作用。所以两线接触是最危险的。

2. 单线触电

单线触电是当人体站在地面上，或接触到与地面有电气连接的物体，如设备外壳、墙壁等，而身体的另一部位接触到带电的一根相线或带电体。单线触电对人体的危害程度与中线是否接地也有直接关系，中线接地更具有危险性。图 10-17 是中线接地时单线触电的示意图。

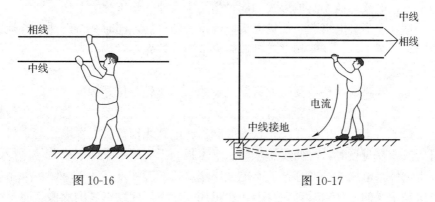

图 10-16   图 10-17

从这里我们也可知道，在修理电器时，如果设法使自己不要接触到地面、墙壁和其他人，同时采用单手操作，这时触电的可能性就小了。

3. 接触电压和跨步电压触电

一台安放在地面上的电气设备，如果导线绝缘老化、受潮、腐蚀及机械损伤，使外壳带电（俗称"漏电"或碰壳），此时当人站在地面上接触到该设备外壳（或金属构架）时，即会发生触电，即接触电压触电。对于高压导线或设备，甚至只是在它的附近站立、走动也有可能因"跨步电压"而触电。

图 10-18 是跨步电压触电的示意图。有一根高压导线（相线）因意外原因断开并掉落地面，这时以落地点为圆心可画出许多同心圆，这些同心圆将有不同的电位。离高压导线落地点越近，电位越高；离落地点越远，电位越低。如果这时有人在附近走动，则人的两脚将处于不同的电位上，即两脚之间存在电位差。如果相线的电压很高，这电位差就可以使这个人触电。

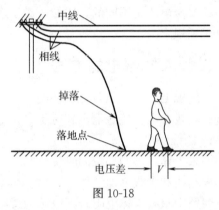

图 10-18

防止接触电压与跨步电压触电的方法是不要接触漏电设备的外壳，不要接近掉落地面的高压导线，同时要设法增大人与地面的接触电阻，如戴绝缘手套、穿上绝缘靴等。

三、触电急救

触电对人体的伤害形式一般有电击和电伤两种。电流直接通过人体的伤害称为电击，电流转换为其他形式的能量作用于人体的伤害称为电伤。

一旦发生了触电事故，现场人员应保持头脑冷静，同时坚持迅速、就地的急救原则。要千方百计使触电者迅速脱离电源，首先在现场（安全的地方）就地进行抢救。

在低压线路或设备上发生人身触电事故时，首先要拉开触电地点附近的电源开关（图 10-19）。如果距离开关较远，或断开电源有困难，可使用有绝缘柄的电工钳或有干燥木柄的斧头、铁锹等利器将电源线切断。如果电线落在触电者身上或压在身下时，可使用干木棒、干木板、干衣服、干绳子或其他干燥的不导电物件将电线挑开或移开，不能使用金属或潮湿物件（图 10-20）。如触电者衣服是干燥的，又未紧裹在身上，也可用一只手抓住触电者的衣服，将他拉脱电源，但切勿触及他的身体。

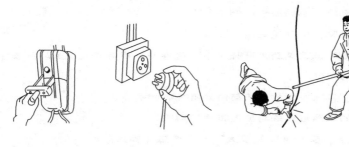

图 10-19   图 10-20

在救护中必须触及触电者身体时，或使用干衣服将手裹起来，或用其他干燥而又不导电的物件，且救护人应与地绝缘，方可与触电者身体接触。在救护中，必须单手进行操作。

在高压线路或设备上发生人身触电事故时，首先要通知有关部门停电。救护人须戴绝缘手套，穿绝缘靴，使用相应电压等级的绝缘工具，拉开高压熔断器或断路器。也可抛掷裸金属软导线，使线路短路，迫使保护装置动作，切断电源。

如果触电者所受伤害不太严重，神志清醒，应让他静卧休息，不要走动，进一步观察。如果事态加重，要送医院。

如果触电者所受伤害比较严重，已经无知觉、无呼吸，但仍有心脏跳动，应该立即进行人工呼吸（图 10-21）；如果有呼吸，但心脏停止跳动，应立即采用胸外心脏挤压法进行抢救（图 10-22）。

图 10-21   图 10-22

如果触电者所受伤害严重，心跳及呼吸都已停止、瞳孔放大、失去知觉，应该同时采取人工呼吸和胸外心脏挤压法进行抢救。

【思考题】

1. 静电的特点有哪些？

2. 什么是直流电？什么是交流电？

3. 构成电路的基本元件是什么？

4. 决定导线电阻大小的因素是哪些？

5. 看到色环电阻，能知道它的电阻值吗？

6. 电阻并联后电阻值是变大还是变小？电容并联后容量是变大还是变小？

7. 什么是欧姆定律？

8. 变压器一、二次绕组的电压与匝数有怎样的关系？

9. 对电动机的三角形接法与星形接法了解吗？

10. 一般情况下，安全电流是多大？安全电压是多大？

11. 影响触电后果的因素有哪些？

12. 人体触电的方式有哪几种？

第十一章　材料及工具基本常识

第一节　材料常识

燃气具中最常用的材料有钢铁材料、有色金属材料、常用高分子材料等。

一、常用材料的性能

材料的性能分为力学性能、物理性能、化学性能、工艺性能等，这里主要讲材料的力学性能，它包括强度、刚度、塑性、硬度、韧性、抗疲劳性等。

（1）强度　材料在外力作用下对变形与断裂的抵抗能力。有时又分为抗拉强度、抗压强度和抗弯强度。

（2）刚度　材料对弹性变形的抵抗能力。

（3）塑性　材料在外力作用下产生塑性变形而不破坏的能力。

（4）硬度　材料表面局部区域内抵抗变形或破坏的能力，反映材料的软硬程度。硬度的表示方法有布氏硬度（HB）和洛氏硬度（HR）等。布氏硬度试验时，当压头为淬火钢球时用 HBS 表示。

（5）韧性　材料在塑性变形和断裂的全过程中吸收能量的能力，是材料强度和塑性的综合表现，冲击韧度是最常用的韧性指标。

（6）抗疲劳性　在长期交变外力作用下仍不破坏的能力。

在材料的工艺性能中，我们特别关心切削加工性能。这是指材料进行各种切削加工（如车、铣、刨、钻等）时的难易程度。切削的难易程度与许多因素有关，生产中一般是以硬度作为评定材料切削加工性能的主要控制参数。实践证明：当材料的硬度在180～230HBS范围内时，切削加工性能良好。

二、钢铁材料

（一）概述

钢铁材料是钢和铸铁的总称，实际上它们都属于铁碳合金。碳的质量分数不大于 2％的称为钢，超过 2％（一般为 2.5％～3.5％）的称为铸铁。

钢又根据其中是否含有合金元素分为碳钢和合金钢两大类。碳钢性能较好，加工容易，成本低，是应用最广、使用量最大的金属材料。合金钢因加入了合金元素，克服了碳钢使用性能的不足，可在重要场合使用。

铸铁虽然综合力学性能比钢差，但具有优良的铸造性能、切削加工性和减振减磨性等，而且生产方便，成本更低，因此也是常用的金属材料。如灰铸铁就常用来制造燃气灶具中的燃烧器（炉头）。

（二）杂质元素对钢性能的影响

1. 硅和锰的影响

硅和锰使钢的强度和硬度增加。但硅也显著地降低了钢的塑性和韧性，同时增加了脆性。锰可降低硫的有害作用——热脆，但过多也会恶化钢的性能。因此，一般将硅和锰的量控制在规定值以下（Si＜0.5％，Mn＜0.8％），这时它们是有益元素。

2. 硫和磷的影响

硫的存在将使钢的强度、尤其是韧性大为降低而产生脆性开裂——热脆。磷的存在降低了钢的塑性和韧性，尤其是低温韧性，容易产生冷脆。由于硫和磷增加了钢的脆性，故一般视为有害元素，要严格控制它们的含量。

（三）钢的分类

钢的分类方法有许多。

1. 按化学成分分类

按化学成分的不同，分为碳钢和合金钢。

碳钢又按碳的含量分为低碳钢（C≤0.25％），中碳钢（C＝0.25％～0.6％），高碳钢（C＞0.6％）。用碳素钢制造的零部件一般都进行表面处理，如搪瓷、喷漆、氧化或塑料喷涂，以防止零部件过快腐蚀和使外观美观。灶具的金属骨架等就采用碳素钢，灶具打火机构上的击锤用的是45号优质碳素钢制造然后经淬火处理。

合金钢按合金元素的含量也分为低合金钢（≤5％），中合金钢（5％～10％），高合金钢（＞10％）。

2. 按钢的质量等级分类

有普通钢、优质钢和高级优质钢。

3. 按钢的主要用途分类

按用途不同，分为结构钢（工程结构用钢和机械制造用钢，是品种最多、用途最广、使用量最大的一类，如燃具的外壳等部件就采用优质碳素结构钢）、工具钢（如刃具钢、模具钢、量具用钢）、特殊性能钢（如不锈钢、耐热钢、低温钢、耐磨钢）等。

不锈钢是经常要用到的一种材料，它是在普通碳钢的基础上加入一定量的铬元素的钢材,它能长时间保持其光泽——即具有不生锈的特点。也有加入其他合金元素如镍等,使其具有更好的化学稳定性,更加耐腐蚀。

不锈钢有很多种类,按其金相组织分类时,可分为铁素体型、马氏体型、奥氏体型等几种。在燃气具中常用的不锈钢材料中,就有代号为 1Cr17(又常常称之为 430)及 0Cr18Ni9(又常常称之为 304)的两种不锈钢,前者常用作灶具的面板,后者则常用来制作热水器的排烟管。1Cr17 属于铁素体型,铬(Cr)的含量为 16%~18%。0Cr18Ni9 属于奥氏体型,铬(Cr)的含量为 17%~19%,镍(Ni)的含量为 8%~11%。

三、有色金属材料

金属通常分为两大类,即黑色金属和有色金属。黑色金属指的是铁,除铁之外的其他金属则称为有色金属。有色金属的种类很多,目前常用的有铝和铜,其他还有钛、镁、锌及其合金等。

1. 工业纯铝和铝合金

纯铝有银白色金属光泽,有良好的导电性和导热性,在空气中易氧化并在表面形成一层氧化膜,具有良好的抗大气腐蚀性能。

纯铝的强度和硬度很低,不适合作工程结构材料使用。向铝中加入适量的硅、铜、锰、锌等元素,组成铝合金,可提高强度。如铸造铝合金用压铸方式制造燃气阀门的阀体等部件。

2. 铜及其合金

纯铜又称紫铜,有优良的导电性和导热性。在纯铜中加入锌、锡、铅、锰等合金元素,制成铜合金,既保持了纯铜的优良性能,又增加了它的强度。热水器中的热交换器组件就用紫铜制造,充分利用它优良的导热性能。

按化学成分,铜合金又分为黄铜、青铜和白铜三大类。其中黄铜是以锌为主要合金元素的铜合金。如灶具中的气阀阀芯、灶具和热水器的喷嘴、热水器的进出水(冷热水)接头等都用黄铜制造,铜管还用来制造燃气灶具的输气管。

四、塑料

塑料属于高分子材料,它是以合成树脂为主要成分,添加能改善其性能的填充剂、增塑剂、稳定剂、润滑剂等而制成。

塑料中的大部分都有良好的耐腐蚀性能和电气绝缘性能,还有成本低、容易加工等许多优点,工程塑料在一些场合还能替代金属用于制造机械零件和工程构件。因此,塑料的用途非常广泛。塑料的种类也很多,常用塑料有以下一些:

聚乙烯(PE)、聚氯乙烯(PVC)、聚苯乙烯(PS)、聚丙烯(PP)、聚酰胺(又称为尼龙或锦纶)(PA)、聚碳酸酯(PC)、共聚丙烯腈-丁二烯-苯乙烯

（ABS）、聚甲基丙烯酸甲酯（又称为有机玻璃）（PMMA）、聚四氟乙烯（又俗称"塑料王"）（PTFE）、酚醛树脂（PF）、环氧树脂（EP）等。

五、管材

1. 钢管的分类

按照生产的方法来分，可分为无缝钢管和焊接钢管。其中无缝钢管又分为热轧管、冷轧管、冷拔管、挤压管等，材料有碳钢、结构钢和合金钢；焊接钢管是用钢板或钢带经过卷曲成型后焊接制成，又分为直缝焊钢管和螺旋焊钢管。在中低压流体输送时，常用镀锌焊接钢管。

按照断面形状来分，可分为圆形、方形、椭圆形、三角形等。

按照管壁厚度，又可分为薄壁钢管和厚壁钢管。如无缝钢管中热轧管和挤压管的壁厚一般是 2.5～75mm，外径 32～630mm；冷轧管和冷拔管的壁厚一般是 0.25～14mm，外径 6～200mm；低压流体输送用镀锌焊接钢管及焊接钢管的壁厚一般是 2～4.5mm，外径 10～165mm。

其他还有按照用途和压力等来分类的。

另外，现在还有新型的复合钢管，是在镀锌钢管或螺旋焊钢管的内壁喷涂塑料制成。增加了抗腐蚀性，管内光滑流畅，阻力更小，使用寿命更长。

2. PE 管（聚乙烯塑料管）

PE 管具有抗腐蚀、不结垢、介质流动阻力小、容易安装等优点，广泛用于工业和民用建筑内的生活、卫生、甚至饮用水和热水供暖系统。在一些场合，有作为铜管和镀锌钢管及铝塑管的升级换代产品的趋势。

3. 低压管

在家用燃气具中经常使用的都是低压管，有铜管、镀锌管、铝塑复合管、不锈钢波纹管、燃气专用胶管等。

图 11-1 是燃气热水器安装时常用的不锈钢波纹管，常用的规格有 20、30、40cm 等。市售的波纹管（也有采用金属软管的），品质有好有坏，要挑选质量好、管壁较厚、内径较大的。

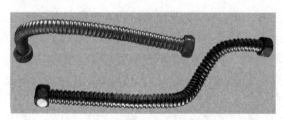

图 11-1

六、燃气具安装时常用的其他材料

1. 生料带

图 11-2 是燃气热水器安装时常用的聚四氟乙烯生料带。这种生料带适应温度范围广，具有优良的耐老化及耐化学腐蚀性能，适合于各种低压管材螺纹的密封。

2. 常用紧固件

螺钉、螺母、膨胀螺栓是常用紧固件。膨胀螺栓类型很多，家用燃具安装时常用的有钢制胀管型和塑料胀管型两种（图 11-3）。

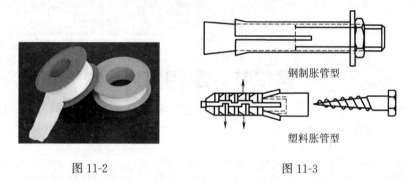

钢制胀管型

塑料胀管型

图 11-2   图 11-3

3. 燃气阀门

家庭内常用的有旋塞阀和球阀，如图 11-4 所示。

旋塞阀内的通孔比较小（图 11-5），但由于灶具燃气流量不大，可作为灶前阀门使用。而热水器的进气阀门使用球阀比较好，因为热水器耗气量比较大，而球阀的阀芯上有一个与管道内径相同的通道，供气量有保证。

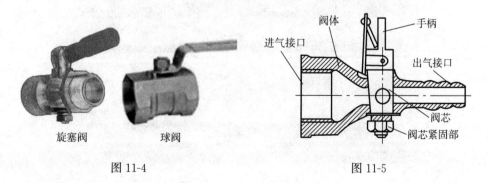

旋塞阀   球阀   图 11-5

图 11-4

【安装草图举例】

在进行热水器安装时，必定用到水管、弯头、三通及阀门等材料，其中水管需要我们自己下料和连接。安装前最好画张草图，确定好各部位的尺寸，准备好所需要的各种材料。图 11-6 为热水器安装草图的一例。

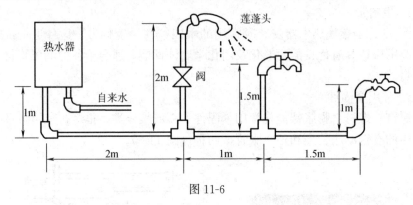

图 11-6

第二节　通用工具

一、锉刀

锉刀常用碳素工具钢制成，并经过热处理淬硬。

锉刀按照截面形状分为平、方、三角、圆、半圆锉等，见图 11-7。

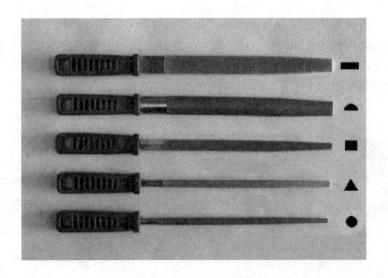

图 11-7

锉刀的大小以锉刀面的工作长度来表示，一般有 100、150、200、250、

300、350 和 400mm 几种。

锉刀有粗细之分，粗细程度是按照每 10mm 长的齿面上锉齿齿数来表示。粗锉 4～12 齿，中锉 13～24 齿，细锉 30～40 齿，油光锉 50～62 齿。

要根据加工材料的软硬、加工余量、所要求的精度等来选择锉刀的粗细。粗锉刀的齿距大，不容易堵塞，适宜于加工余量大、要求精度和表面质量低的加工（粗加工）以及铜、铝等软金属的加工。中锉的齿距适中，可在使用粗锉后再加工。细锉刀则用来锉光表面或锉硬金属。油光锉用来进行精加工，修光表面。

使用锉刀时要注意：

①新锉刀不锉硬金属，先用于锉软金属（铜、铝等）。

②旧锉刀用来锉铸锻件，铸、锻件上的硬皮和砂粒要先磨掉再锉。

③先就一面使，磨钝后再用另一面。

④手不要摸锉过的表面。

⑤常清扫锉刀齿内的锉屑。

⑥锉刀不可叠放或与其他工具堆放。

二、手锯（钢锯）

钢锯由锯弓和锯条组成，见图 11-8 所示。有固定式和可调式，常用的是可调式。

锯条是用碳素工具钢或合金工具钢，并经过热处理制成。锯条的规格是以锯条两端安装孔间的距离来表示，长度从 150～400mm。常用的是长 300mm、宽 12mm、厚 0.8mm 这种规格。锯条的锯齿按一定形状左右错开，它的作用是使锯缝的宽度大

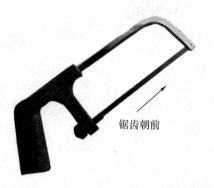

锯齿朝前

图 11-8

于锯条背部的宽度，防止锯割时锯条卡在锯缝中，并减少锯条与锯缝的摩擦阻力，使排屑顺利，锯割省力。

锯齿的粗细是按锯条上每 25mm 长度内的齿数来表示的。14～18 齿为粗齿，22～24 齿为中齿，32 齿为细齿。要根据加工材料的硬度和厚度来选择锯齿的粗细。如是软钢、紫铜、铝合金等软材料或人造胶板等成层材料和厚材料，要使用粗齿锯条，因这时锯屑多，要求较大的容屑空间。如是合金钢等硬材料或薄板、薄管时，要使用细齿锯条，因材料硬、锯齿不易切入，锯屑少、无需大的容屑空间。锯薄材料时，锯齿容易被工件勾住而崩断，这时需要同时工作的齿数多，让每个锯齿承受的力减少。对于普通钢、铸铁、黄铜等中等硬度材料或厚壁管等中等厚度的工件，一般使用中齿锯条。

使用时注意事项：

①锯齿朝前。

②全长使用，直来直去，手要稳。

③前推施压，返回不施压，用力均匀。

④速度不要太快，快锯断时速度放慢。

⑤锯中如果锯条崩断，更换新锯条后不宜走在旧缝中，宜从另一端重新开始。

三、扳手和螺丝刀

1. 扳手

扳手用来拧紧或松开螺栓和螺母，常用45号钢、碳钢或合金钢制造，一般表面镀铬。常用的扳手有活络扳手［图11-9（a）］、呆扳手［图11-9（b）］和扭矩扳手［图11-9（c）］等几种。

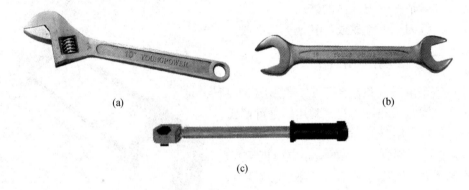

图 11-9

扳手的规格分为：

（1）活络扳手　其规格以扳手长度表示。常用的有 100mm（4in）、150mm（6in）、200mm（8in）、300mm（12in）。

（2）呆扳手　有单头和双头之分。它的规格一般从 5.5～27mm。

（3）扭矩扳手　根据螺栓头的大小要更换扳手头部。

扳手的使用和维护保养方法：

（1）使用的扳手要与螺帽大小相适合，不可有松动现象。

（2）使用活络扳手时要使受力大的部分落在扳手本体上。

（3）不能用手锤等重物锤击扳手。

2. 螺丝刀

螺丝刀常用的有一字螺丝刀和十字螺丝刀两种，偶然用到钟表螺丝刀。大小规格有多种（图11-10），使用时大小要合适，否则螺丝的槽口容易划伤。头部已经磨损的螺丝刀不能使用。

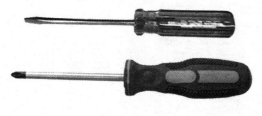

图 11-10

四、手钳

1. 常用的手钳

常用的手钳有鲤鱼钳、钢丝钳、尖嘴钳和管子钳等，如图11-11所示。鲤鱼钳用来夹持扁形或圆柱形工件，剪切金属丝等；钢丝钳又称克丝钳，用来夹持、弯曲和剪切金属丝；尖嘴钳用来装拔销子、弹簧等小零件及弯曲金属丝、片等；管子钳在管子连接时使用。

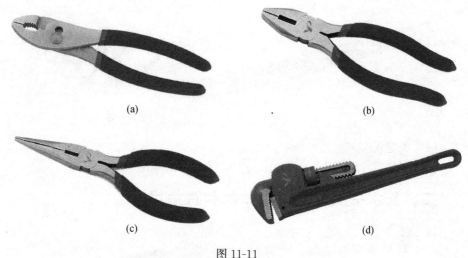

(a)   (b)

(c)   (d)

图 11-11
(a) 鲤鱼钳　(b) 钢丝钳　(c) 尖嘴钳　(d) 管子钳

手钳的规格是用钳头尖部到钳柄尾部的直线长度作为规格标准的。常用的规格有 150mm（6in）、175mm（7in）、200mm（8in）等。

2. 手钳的使用和保养维护

（1）根据情况选用合适的钳子。

（2）不用钳子当榔头使用锤击硬物。

（3）不用钳子夹捏淬硬的钢件。

（4）不用钳子夹捏烧红的物件。

（5）经常涂油，防止生锈和失灵。

第三节　通用量具

一、钢直尺和卷尺

1. 钢直尺

不锈钢制作，刻度精确至毫米（最小刻度）。长度规格有 150mm、300mm、500mm、1000mm 等，常用的是 150mm 和 300mm。如图 11-12 所示。

2. 卷尺

（1）钢卷尺

最常用的是小型钢卷尺，携带方便。常用的长度规格有 2m、3m、5m。如图 11-13 所示。

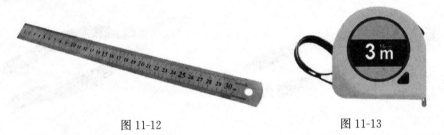

图 11-12　　　　　　　　　　　　　　图 11-13

（2）皮卷尺

长度规格有 10m、15m、20m、30m、50m、100m。

二、长水平尺、方形水平尺和直角尺

1. 长水平尺

长水平尺为铝合金制，镶有塑料液泡管（图 11-14）。用于设备和管道安装时水平和垂直度的测量。长度规格有 150～600mm。

图 11-14

2. 方形水平尺

方形水平尺（图 11-15）用于管道双向（90）设备找平。规格有 200mm×

200mm 等。

3. 直角尺

直角尺为不锈钢制，两边成精确的 90°（图 11-16）。用来检查工件的垂直度，还用于管道法兰焊接定位等。有四种精度级别：0、1、2、3。规格有多种：直角边长不等或相等，长度 100mm、150mm、900mm 等。

图 11-15

图 11-16

三、卡钳

卡钳是一种间接量具，使用时要与钢尺等量具配合。

有划规、内卡钳、外卡钳，外形类似圆规，如图 11-17 所示。外卡钳测量工件外表面；内卡钳测量工件内表面（通常为孔的内径或槽的内部尺寸）；划规一般测量零件的长短尺寸。

使用时要注意保护好钳口。

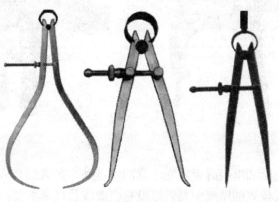

图 11-17

第四节 其他工具

一、手枪钻、冲击电钻和电锤

1. 手枪钻

手枪钻携带方便、操作简单、使用灵活，因此在安装热水器时经常要使用（图 11-18）。

一般用于钻直径 12mm 以下的孔。使用前一定要将钻头（俗称麻花钻头）拧紧，防止它使用中打滑。

图 11-18

2. 冲击电钻

冲击电钻（图 11-19）是用来在混凝土、砖墙上钻孔用的，在安装热水器时经常要使用。

它的电源线一般采用具有防潮性能的三芯橡皮电缆，其中黑色或黄绿相间芯线为接地线，与外壳相连，采用单相三极插头。电源线不可用花线、塑料电线，中间不应有接头。

钻孔时，不宜用力过猛，转速异常降低时应放松压力，以免电动机过载造成损坏。

3. 电锤

热水器的排烟管比较粗，如果要在墙上打穿墙孔，有时要使用电锤（图 11-20）。

图 11-19

图 11-20

使用冲击电钻和电锤时要特别注意的一点是，在墙壁上钻孔前一定要向用户问清楚，安装位置的墙壁中是否暗设有电源线及自来水管。否则，如果电钻钻到电源线上或将水管打破，后果将非常严重。

二、套丝机

安装热水器时，免不了要连接冷热水管。冷热水管按尺寸分别下料完毕，两头要加工螺纹。这时可用电动套丝机进行加工（图11-21）。套丝机的规格有多种，但因为家用热水器的冷热水管一般只用4分管或6分管，因此套丝机只要与此相适应即可。

三、管子台虎钳、管子铰板和管子割刀

用手工也可加工管子的螺纹，这时要使用带脚的管子台虎钳（图11-22）和管子铰板（图11-23），切割管子时还要使用管子割刀（图11-24）。

图 11-21

图 11-22

图 11-23

图 11-24

使用时，用管子台虎钳夹住管子，选用合适尺寸的管子铰板旋转加工出管子螺纹。

四、台虎钳

台虎钳（图 11-25）是用来夹住工件进行加工的通用夹具，其规格用钳口的宽度来表示，常用规格有 100mm、125mm、150mm。

使用时要注意不可将工件拧得过松或过紧，对于一些材质比较软或不允许留下印痕的工件，夹紧前要在虎钳口垫上其他保护材料。

五、台钻

台钻（图 11-26）也是经常要用到的基本工具，放在工作台上使用。用于加工小型零件上的小孔（直径一般在 12mm 以下）。

图 11-25

图 11-26

钻孔前要根据工件的高低调整好工作台与主轴架间的距离，并锁紧固定。

我们在进行气种置换时，如不得已要将原喷嘴进行扩孔，注意不要使用手枪钻，而应使用台钻，且喷嘴要用夹具夹紧。因为使用手枪钻时免不了会有晃动，打出来的孔既不圆又偏大，将影响燃具的燃烧状况。

六、丝锥和板牙

丝锥和板牙是安装维修人员经常要用到的手工工具。使用丝锥在工件的圆柱孔内加工出内螺纹，而使用板牙在圆柱杆上加工出外螺纹。前者又叫攻丝或攻螺纹，后者又叫套丝或套螺纹。图 11-27 及图 11-28 为丝锥和板牙。

丝锥的规格有许多种，我们常用的有 M3、M4 等，分别适合于 M3（3mm）和 M4（4mm）的螺钉。准备攻丝的孔的尺寸应比相应螺钉小一点，比如打算使用 M4 的螺钉，则孔的尺寸只能为 3 点几。具体为多少，要视材料的情况而定。使用丝锥时，必须配套使用铰杠（一种专用的扳手）。常用的是

图 11-27   图 11-28

可调式铰杠，用于 M6 以下的丝锥（图 11-29）。

板牙的规格也有许多种，常用的也是 M3、M4 等。准备套丝的圆柱杆的直径也应比螺纹公称直径略小一些。使用板牙时，也必须配套使用专用的扳手，即板牙架（也有叫板牙铰杠的），见图 11-30。

使用丝锥和板牙加工时，一般要滴入少许机油进行润滑和降温。

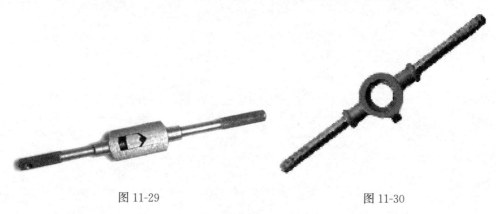

图 11-29   图 11-30

市售的工具中，也有丝锥和板牙的套装工具（图 11-31）。其中有几个常用规格的丝锥和板牙，还有丝锥铰杠和板牙架，携带更是方便。

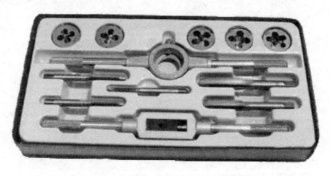

图 11-31

【思考题】

1. 材料的力学性能有哪些？

2. 按照主要用途来分类，钢分为哪几大类？

3. 什么是黑色金属？什么是有色金属？常用的有色金属有哪些？

4. 塑料有哪些优点？

5. 使用锉刀时要注意哪些事项？

6. 钢锯锯条的齿为什么要左右错开？

7. 常用的手钳有哪几种？

附1 测试题汇编

一、单选题

1.1 燃气基础知识

1.1.1 天然气的主要成分是：
  A 一氧化碳、氢 B 甲烷、乙烷 C 丙烷、丙烯 D 丁烷、丁烯

1.1.2 人工煤气的主要成分是：
  A 一氧化碳、氢 B 甲烷、乙烷 C 丙烷、丙烯 D 丁烷、丁烯

1.1.3 液化石油气的主要成分为：
  A 丙烷、甲烷、丙烯、丁烯   B 丙烷、丁烷、丙烯、丁烯
  C 一氧化碳、氢、烃类   D 丙烯、丁烯、乙烯

1.1.4 天然气的最大优点是：
  A 可瓶装供气 B 环保效果最好 C 热值最高 D 不会爆炸

1.1.5 人工煤气的最大缺点是：
  A 燃烧速度快 B 火焰稳定 C 对环境污染大 D 原料资源丰富

1.1.6 液化石油气的气态相对密度和空气相比：
  A 空气的相对密度大   B 液化石油气相对密度大
  C 一样大   D 难以判断

1.1.7 液化石油气的液态相对密度和水相比：
  A 水的相对密度大   B 液化石油气相对密度大
  C 一样大   D 难以判断

1.1.8 下列记号中，哪种属于人工煤气：
  A 6T B 6R C 10T D 20Y

1.1.9 三种燃气中，哪种热值最高：
  A 人工煤气 B 天然气 C 液化石油气 D 都差不多

1.1.10 燃气与空气混合时，哪种比例较好：
  A 燃气多些 B 燃气少些 C 一定比例 D 无所谓

1.1.11 可燃气体的浓度在爆炸极限以外，则：
  A 不会发生爆炸 B 可能会发生爆炸 C 肯定会发生爆炸 D 要看情况

1.1.12 下列哪个不是引射式燃烧器的组成部分：
  A 混合部 B 风门 C 喉管 D 一次空气

1.1.13 在一般燃气具中，广泛使用的是哪种燃烧方式：
  A 扩散式 B 本生式 C 半本生式 D 完全预混式

1.1.14 一氧化碳与氧气相比，它与人体血红蛋白的亲和力：

| | A 一氧化碳亲和力大 | B 氧气亲和力大 | C 两者一样 | D 无法比较 |

1.1.15 输送同样热值的燃气，液化石油气的输配管网相对人工煤气输配管网：

| | A 液化石油气管径大 | B 人工煤气管径大 | C 两者管径一样 | D 无法比较 |

1.1.16 供应用户的液化石油气钢瓶内气体压力大约为：

| | A 2.8kPa | B 3kg/cm^2 | C 4.5kg/cm^2 | D 7.5kg/cm^2 |

1.1.17 气态液化石油气的密度（　）空气，天然气和人工煤气的密度一般（　）空气。

| | A 大于、小于 | B 小于、大于 | C 大于、等于 | D 等于、等于 |

1.1.18 液化石油气钢瓶上的减压阀是（　）调压器。

| | A 高→高压 | B 高→低压 | C 中→低压 | D 高→中压 |

1.2 燃气具知识

1.2.1 家用燃气具属于：

| | A 低压燃气具 | B 中压燃气具 | C 中高压燃气具 | D 高压燃气具 |

1.2.2 一般家用燃气灶具烟气中一氧化碳含量要求：

| | A ≤0.05% | B ≤0.08% | C ≥0.08% | D ≥0.05% |

1.2.3 两眼和两眼以上的燃气灶应有一个主火，其热负荷（普通型）应该：

| | A ≥3.0kW | B ≥3.5kW | C ≥4kW | D ≥4.5kW |

1.2.4 台式灶的热效率应该：

| | A ≥45% | B ≥50% | C ≥55% | D ≥60% |

1.2.5 热水器的热效率（按低热值）应该：

| | A 不小于80% | B 不小于82% | C 不小于84% | D 不小于86% |

1.2.6 家用快速热水器操作时手必须接触部位的表面温升不应超过：

| | A 50K | B 80K | C 100K | D 30K |

1.2.7 燃气热水器的型号为JSQ20-A，其中JS代表：

| | A 燃气种类 | B 热水器 | C 给排气方式 | D 给水方式 |

1.2.8 一只燃气灶具的型号为JZY-A，其中Y代表：

| | A 燃气类别 | B 灶的眼数 | C 灶具类型 | D 排气方式 |

1.2.9 燃具前的液化石油气额定压力为多少毫米水柱：

| | A 500 | B 300 | C 280 | D 450 |

1.2.10 燃具前的天然气额定压力为多少毫米水柱：

| | A 50 | B 100 | C 150 | D 200 |

1.2.11 燃具前的人工煤气额定压力为多少毫米水柱：

| | A 50 | B 100 | C 150 | D 200 |

1.2.12 什么部件的作用是使燃气和空气进行混合：

| | A 喷嘴 | B 引射器 | C 燃烧器 | D 火盖 |

1.2.13 压差式水气联动控制结构的关键部件是：

| | A 联动杆 | B 稳压器 | C 文丘里管 | D 微动开关 |

1.2.14 燃气比例阀中，是什么与什么之间存在比例关系：

| | A 燃气量与水压 | B 燃气压与电流 | C 燃气量与电流 | D 电压与电流 |

1.2.15 强制排气式热水器燃烧所需的空气取自（　），燃烧产生的废气排向（　）。

| | A 室外、室外 | B 室内、室内 | C 室内、室外 | D 室外、室内 |

1.2.16 灶具采用的自动点火方式一般有几种：

    A 2   B 3   C 4   D 5

1.2.17 密闭式燃气热水器燃烧时所需的空气取自（　），燃烧产生的废气排至（　）。

    A 室内、室外   B 室外、室外   C 室内、室内   D 室外、室内

1.2.18 密闭式热水器比半密闭式热水器安全系数更加：

    A 高   B 低   C 一样   D 无法比较

1.2.19 燃烧器正常燃烧时，燃气的燃烧速度（　）燃气的喷出速度。

    A 小于   B 等于   C 大于   D 大于等于

1.2.20 与燃气热水器产热水能力无关的是：

    A 燃气压力   B 水压力   C 温升   D 热水器体积

1.2.21 压电陶瓷受力冲击时将产生：

    A 高电压   B 高电流   C 高电阻   D 大电容

1.2.22 燃气从燃烧器的火孔喷出并经电火花点燃后，再进行补充的气体为：

    A 混合空气   B 燃气   C 一次空气   D 二次空气

1.2.23 水量传感器是什么性质的传感器：

    A 光传感器   B 磁传感器   C 速度传感器   D 温度传感器

1.2.24 火焰检测棒是：

    A 分子器件   B 原子器件   C 离子器件   D 电子器件

1.2.25 压敏电阻起什么作用：

    A 电流保护   B 电压保护   C 温度保护   D 漏电保护

1.2.26 燃气热水器的点火水压一般为：

    A $0.01\sim0.1 kgf/cm^2$ B $0.1\sim0.3 kgf/cm^2$

    C $0.3\sim0.5 kgf/cm^2$ D $0.5\sim1.0 kgf/cm^2$

1.3　燃气具安装

1.3.1 家用燃气用具（灶、热水器）与对面建筑物之间的净距应不小于：

    A 0.5m   B 1.0m   C 1.5m   D 2.0m

1.3.2 燃气用具与燃气流量表水平净距应大于：

    A 10cm   B 60cm   C 30cm   D 40cm

1.3.3 安装燃气灶具的厨房净高不低于：

    A 1.8m   B 2.2m   C 2.0m   D 2.5m

1.3.4 安装热水器的房间净高应大于：

    A 1.8m   B 2.0m   C 2.4m   D 3.0m

1.3.5 燃气胶管长度不应超过：

    A 1m   B 1.5m   C 2.0m   D 2.5m

1.3.6 燃气胶管靠近灶具边缘多少厘米以内不应高出灶面：

    A 10cm   B 20cm   C 30cm   D 40cm

1.3.7 嵌入式灶具的胶管穿入地柜时，安装胶管的灶台开孔位置与灶具边缘的水平净距应不小于：

    A 10cm   B 20cm   C 30cm   D 40cm

1.3.8 为防止液化石油气在地柜内沉积，地柜门上的通风口应设在柜门的：

    A 上侧   B 中间   C 下侧   D 左侧

1.3.9 下列何处不得安装热水器:

  A 厨房   B 安全出口 5m 以外   C 卧室   D 阳台

1.3.10 下列哪种热水器可安装在浴室内:

  A 直排式   B 自然排气式   C 强制排气式   D 强制给排气式

1.3.11 下列哪种热水器属于密闭式:

  A 直排式   B 自然排气式   C 强制排气式   D 强制给排气式

1.3.12 安装强排式热水器时,电源插座应距离热水器 ( ) 以外。

  A 20cm   B 30cm   C 40cm   D 50cm

1.3.13 热水器的安装高度一般是热水器的 ( ) 与人眼平齐。

  A 顶边   B 底边   C 观火孔   D 旋钮

1.3.14 热水器排气管穿墙部位与墙间的间隙应密封,是为了防止:

  A 烟气回流入室   B 烟气滞留   C 烟气外泄   D 烟气排放

1.3.15 连接燃具的胶管长度应为:

  A 0.5~1m   B 1~1.5m   C 1~2m   D 2~3m

1.3.16 安装台式灶具时燃气开关不能 ( ) 灶台台面。

  A 高于   B 低于   C 相平于   D 低于或平于

1.3.17 $15kgf/cm^2$ 液化石油气钢瓶规定的充装量为:

  A (14 ± 0.5) kgf/cm^2 B (14.5 ± 0.5) kgf/cm^2

  C (15 ± 0.5) kgf/cm^2 D (15.5 ± 0.5) kgf/cm^2

1.3.18 按照规定,自然排气式热水器只适合在 ( ) 住宅中使用。

  A 平房   B 平房或仅 2 层的住宅

  C 仅 3 层的住宅   D 仅 4 层的住宅

1.4 维修

1.4.1 燃气灶具的判废年限应为几年:

  A 5 年   B 6 年   C 7 年   D 8 年

1.4.2 人工煤气热水器的判废年限应为几年:

  A 5 年   B 6 年   C 7 年   D 8 年

1.4.3 液化石油气和天然气热水器判废年限应为几年:

  A 5 年   B 6 年   C 7 年   D 8 年

1.4.4 下列哪项可能是造成燃气具发生爆燃的原因:

  A 燃气不足   B 燃气成分发生变化   C 空气不足   D 风门开得太小

1.4.5 有的热水器有放电火花但仍不能点着,有可能是:

  A 点火器故障   B 熄火保护故障   C 燃气不足   D 水压太低

1.4.6 U 形压力表可以用来检查:

  A 管道水平度   B 漏气   C 漏水   D 漏电

1.4.7 燃气压力高,易发生 ( ),燃气压力低,易发生 ( )。

  A 脱火、回火   B 回火、脱火   C 回火、回火   D 脱火、脱火

1.4.8 燃气灶具连续试点火 10 次,应有几次以上点燃:

  A 10 次   B 9 次   C 8 次   D 7 次

1.4.9 有的热水器关水阀后不熄火可能是因为:

	A 过热保护装置失灵		B 空气不流通	
	C 脉冲器故障		D 水气联动保护装置失灵	

1.4.10 在燃烧器燃烧稳定的情况下，加大燃烧器火孔面积，有可能导致：

A 脱火　　　　　　B 回火　　　　　　C 离焰　　　　　　D 黄焰

1.4.11 煤气灶用打火机也点不着火，最大的可能是：

A 点火器故障　　　B 热电偶问题　　　C 火盖问题　　　　D 燃气未到

1.4.12 夏天热水器水太烫，最大的可能是：

A 燃气压力太低　　B 电压太高　　　　C 水压太低　　　　D 水压太高

1.5 电气知识

1.5.1 当两物体所带电荷性质相同时，两物体：

A 相互吸引　　　　B 相互排斥　　　　C 相互转化　　　　D 相互磁化

1.5.2 物体所带电荷在导线中形成定向的自由电子运动，称为：

A 电压　　　　　　B 电流　　　　　　C 电阻　　　　　　D 电位

1.5.3 电流的大小和方向随时间的变化而变化的称为：

A 直流电　　　　　B 交流电　　　　　C 静电　　　　　　D 感应电

1.5.4 我国规定适用于一般环境的安全电压为：

A 220V　　　　　　B 380V　　　　　　C 36V　　　　　　 D 24V

1.5.5 我国规定适用于一般环境的安全电流为：

A 25mA　　　　　　B 30mA　　　　　　C 40mA　　　　　 D 50mA

1.5.6 下面例子中哪个不是摩擦生电的现象：

	A 发电机发电	B 秋天干燥季节人穿化纤衣裤易粘在身上
	C 用塑料梳子梳干发时头发会蓬起	D 用丝绸摩擦过的玻璃棒会吸起小纸片

1.5.7 最简单的电路由电源、负载和（　）组成。

A 电压　　　　　　B 连接导线　　　　C 电流　　　　　　D 电阻

1.5.8 下面哪一项不是决定导线电阻大小的因素：

A 导线长度　　　　B 导线截面积　　　C 导线材质　　　　D 导线重量

1.5.9 下列哪项不是影响触电后果的因素：

	A 通入人体电流的大小	B 电流通入人体的时间
	C 触电的方式	D 电源的频率

1.5.10 下列哪项不是人体触电的方式：

	A 两线触电	B 单线触电
	C 间接触电	D 接触电压和跨步电压触电

1.5.11 人体通过（　）的交流电是不安全的。

A 15mA　　　　　　B 20mA　　　　　　C 30mA　　　　　 D 40mA

1.5.12 使用万用表测量完后应将量程开关打到测量（　）的最高一挡，以免他人误用造成仪表损坏。

A 直流电流　　　　B 交流电流　　　　C 电阻　　　　　　D 交流电压

1.5.13 直流电的（　）不随时间的变化而变化。

	A 电流的大小和方向	B 电流的大小
	C 电流的方向	D 电压的大小和方向

1.5.14 电流 1A＝（　）mA

| | A 10 | B 100 | C 1000 | D 10000 |

1.5.15 电压 1kV= （ ）mV

A 100 　　　　　B 1000 　　　　　C 10^6 　　　　　D 10^9

1.5.16 电阻 1MΩ= （ ）Ω

A 100 　　　　　B 1000 　　　　　C 10^6 　　　　　D 10^9

1.5.17 电容 1μF= （ ）pF

A 100 　　　　　B 1000 　　　　　C 10^6 　　　　　D 10^9

1.5.18 额定电压为 380V，定子绕组为三角形接法的异步电动机在正常运行时每相绕组的电压为：

A 220V 　　　　　B 380V 　　　　　C 190V 　　　　　D 110V

1.5.19 额定电压为 380V，定子绕组为星形接法的异步电动机在正常运行时每相绕组的电压为：

A 220V 　　　　　B 380V 　　　　　C 190V 　　　　　D 110V

1.5.20 下面哪一项不是静电的特点：

A 电压很高 　　　　　B 能量很大 　　　　　C 静电感应 　　　　　D 尖端放电

1.5.21 下列哪种方法不宜用于消除绝缘体上的静电：

A 接地 　　　　　B 增加空气湿度 　　　　　C 降低电阻率 　　　　　D 静电中和

1.5.22 消除导体上的静电常用下列哪种方法：

A 接地 　　　　　B 增加空气湿度 　　　　　C 降低电阻率 　　　　　D 静电中和

1.5.23 电阻并联后电阻值：

A 变大 　　　　　B 变小 　　　　　C 不变 　　　　　D 不确定

1.5.24 电容并联后容量：

A 变大 　　　　　B 变小 　　　　　C 不变 　　　　　D 不确定

1.6　材料及工具

1.6.1 不锈钢是在普通碳钢的基础上加入一定量的什么元素：

A 铜 　　　　　B 铝 　　　　　C 铬 　　　　　D 锡

1.6.2 以下哪种材料不适合用粗齿锯条来锯：

A 软钢 　　　　　B 铝 　　　　　C 紫铜 　　　　　D 黄铜

1.6.3 以下哪种材料不适合用细齿锯条来锯：

A 板料 　　　　　B 薄壁管子 　　　　　C 电缆 　　　　　D 厚壁管

1.6.4 下列哪种是黑色金属：

A 铜 　　　　　B 铁 　　　　　C 铝 　　　　　D 锡

1.6.5 决定钢性能的最主要因素是哪一种元素：

A 磷 　　　　　B 硫 　　　　　C 铜 　　　　　D 碳

1.6.6 以下哪种不属于特殊钢：

A 耐磨钢 　　　　　B 不锈钢 　　　　　C 工具钢 　　　　　D 耐酸钢

1.6.7 适合锯割软材料或切面较小的锯条类型为：

A 粗齿锯条 　　　　　B 中齿锯条 　　　　　C 细齿锯条 　　　　　D 中粗齿锯条

1.6.8 强度或硬度高的金属材料其切割性能：

A 好 　　　　　B 差 　　　　　C 一般 　　　　　D 最好

1.6.9 金属材料在外力作用下，不发生永久变形破坏的性能指标为：

A 强度 　　　　　B 硬度 　　　　　C 塑性 　　　　　D 抗疲劳性

1.6.10 丝锥和板牙有 M4 的规格，M4 中的"4"表示：

    A　0.04mm　　　　　　B　0.4mm　　　　　　C　4mm　　　　　　D　40mm

二、多选题

2.1　燃气基础知识

2.1.1　人工煤气中含有以下哪些成分：

    A　氢　　　　　B　一氧化碳　　　　C　氮　　　　　D　氧　　　　　E　氨

2.1.2　以下哪些是人工煤气的优点：

    A　燃烧速度快　B　制气厂投资小　C　火焰稳定　　　D　无毒　　　　E　热值高

2.1.3　人工煤气的缺点有：

    A　污染环境　　　　　　　B　含一氧化碳　　　　C　燃烧速度慢

    D　火焰不稳定　　　　　　E　制气厂投资大

2.1.4　天然气的主要成分为：

    A　甲烷　　　　B　乙烷　　　　　C　丙烷　　　　D　丁烷　　　　E　丁烯

2.1.5　天然气的优点在于：

    A　可瓶装供应　　　　　　B　优异的环保效果　　　C　不含有毒物质 CO

    D　容易燃烧　　　　　　　E　热值高

2.1.6　天然气的来源主要有：

    A　石油伴生气　B　干气田气　　C　炼油厂尾气　　D　焦炉气　　　E　水煤气

2.1.7　液化石油气的主要优点在于：

    A　供应方式灵活　B　投资小　　　C　无毒　　　D　不易爆炸　　E　热值高

2.1.8　液化石油气的主要特性有：

    A　易燃　　　　B　易汽化　　　　C　受热易膨胀　　D　有毒　　　　E　易爆

2.1.9　液化石油气的来源有：

    A　炼油厂尾气　B　化工合成尾气　C　油田伴生气　　D　焦炉气　　　E　水煤气

2.1.10　下面的哪几种物质属于液化气：

    A　液氨　　　　B　液氧　　　　C　干冰　　　　D　液态二氧化碳　E　氮气

2.1.11　下列哪些是燃气的记号：

    A　6R　　　　　B　12T　　　　　C　20Y　　　　D　25Y　　　　E　12RT

2.1.12　燃烧三要素是指：

    A　燃气具　　　B　燃烧物　　　　C　氧气　　　　D　点火源　　　E　氢气

2.1.13　燃气的燃烧方式可分为：

    A　扩散式　　　B　本生式　　　　C　半本生式　　D　完全预混式　E　无氧式

2.1.14　下列哪些是燃烧中的不正常现象：

    A　回火　　　　B　离焰　　　　　C　黄焰　　　　D　燃烧音　　　E　灭火音

2.1.15　气种置换是指：

    A　液化石油气改为人工煤气　　　B　液化石油气改为天然气　　　C　人工煤气改为天然气

    D　人工煤气改为液化石油气　　　E　以上都是

2.2　燃气具知识

2.2.1　家用燃气快速热水器按排气方式分为：

        A 自然排气式   B 强制排气式   C 强制给排气式   D 自然给排气式   E 直排式

2.2.2 下列哪些类型的热水器是现行国标规定允许浴用的：

        A 自然排气式   B 强制排气式   C 强制给排气式

        D 自然给排气式   E 直排式

2.2.3 燃气用具引射器的组成有：

        A 喷嘴   B 喉部   C 风门   D 混合部   E 扩散部

2.2.4 家用燃气灶的组成部分有：

        A 燃烧器   B 鼓风系统   C 供气系统   D 点火装置   E 辅助部分

2.2.5 安全电磁阀的组成部分有：

        A 铁芯   B 线圈   C 衔铁   D 弹簧   E 磁铁

2.2.6 脉冲电了点火装置采用的电源人多为：

        A 干电池   B 交流电   C 静电   D 蓄电池   E 太阳能

2.2.7 灶具燃烧器的火孔形状一般有：

        A 圆火孔   B 方火孔   C 缝隙火孔   D 梯形火孔   E 椭圆火孔

2.2.8 燃气热水器每分钟实际能出几升热水，与之有关的是：

        A 热水器的体积   B 环境湿度   C 要求热水温度

        D 标准出热水量   E 进水温度

2.2.9 燃气热水器少不了的主要部件有：

        A 气阀   B 喷嘴   C 燃烧器   D 热交换器   E 水压表

2.2.10 风压开关在哪些情况下动作：

        A 温度过高   B 温度过低   C 外部风力过大 D 烟道堵塞   E 火焰熄灭

2.2.11 燃气热水器中常用的安全保护装置有：

        A 熄火保护   B 防空烧   C 风压过大保护 D 防水温过高   E 定时装置

2.2.12 什么情况下要调整二次压：

        A 气种置换   B 工厂装配完毕 C 二次压变化   D 维修后变化   E 以上都是

2.3   燃气具安装

2.3.1 密闭式燃具可以安装在：

        A 浴室（洗手间） B 厨房   C 卧室   D 阳台   E 书房

2.3.2 装有强制排气式热水器的房间应该：

        A 净高大于 3m   B 房间门或墙下部有进风口   C 门应是防火门

        D 净高大于 2.4m   E 通风良好

2.3.3 以下哪几种热水器可安装在浴室内：

        A 强制排气式   B 强制给排气式 C 自然给排气式 D 自然排气式   E 直排式

2.3.4 排气筒、排气管的材料应由哪类材料制成：

        A 不可燃   B 耐热   C 耐腐蚀   D 耐辐射   E 耐水

2.3.5 下列房间和部位严禁安装燃具：

        A 地下室   B 浴室   C 易燃易爆物品的堆存处

        D 有腐蚀性介质的房间   E 卧室

2.3.6 在使用燃具的地点安装燃气泄漏报警时应符合：

        A 应与燃具装在同一房间   B 应装在燃气容易滞留的地方

C 检修容易的地方　　　　　　　　　　　D 空气流通

E 阳光充足

2.3.7 强制排气式热水器可以安装的地方是：

A 浴室内　　　　B 阳台　　　　C 卧室　　　　D 厨房　　　　E 客厅

2.3.8 安装室外式热水器时要注意：

A 应安装在不产生强涡流的室外敞开空间　　　B 给排气口周围无妨碍燃烧的障碍物

C 防风、雨、雪措施　　　　　　　　　　　　D 电源插座应安装在室内

E 以上都是

2.4 维修

2.4.1 造成燃气灶具离焰的原因：

A 燃气压力过高　　　　　　　　　　　　　　B 部分焰口被脏物堵塞

C 燃烧器的焰口太大　　　　　　　　　　　　D 燃烧器的焰口太小

E 燃气成分发生变化，引起燃烧速度变慢

2.4.2 造成燃气灶具黄焰的原因：

A 风门开度过小，一次空气量不足　　　　　　B 燃气的喷出方向与炉头混合管不同轴

C 火焰碰到低温的东西　　　　　　　　　　　D 喷嘴孔径变大

E 喷嘴孔径过小

2.4.3 造成燃气灶具回火的原因：

A 燃烧器的焰口太大　　　　B 燃气压力过低　　　　C 喷嘴或气阀由于异物堵塞

D 风门开得太小　　　　　　E 风门开得太大

2.4.4 造成燃气灶具爆燃的原因：

A 点火信号不可靠　　　　　B 燃气成分发生变化　　　C 设计上的欠缺

D 燃气压力过低　　　　　　E 风门开得太小

2.4.5 用压电晶体点火的灶具，点不着火的原因：

A 风门开得太小　　　　　　　　　　　　　　B 放电针与支架间的距离不合适

C 压电陶瓷失效或被撞烂　　　　　　　　　　D 压电晶体的触发弹簧失去弹性

E 胶管受挤压或堵塞

2.4.6 用高压脉冲点火的灶具，点火困难的原因：

A 电池电力不足　　　　　　　　　　　　　　B 微动开关发生故障

C 点火针与火盖间的距离变大或火盖变形　　　D 点火器发生故障或连接导线破损漏电

E 风门开得太小

2.4.7 灶具点着火后火又熄灭，原因是：

A 风门开得太大　　　　　　　　　　　　　　B 安全电磁阀失灵

C 热电偶的头部太脏或热电偶位置偏离　　　　D 燃气压力太低或太高

E 按压时间不够

2.4.8 水气联动阀构造的燃气热水器点火困难的原因：

A 水阀薄膜破裂　　　　　　　B 微动开关损坏　　　　C 水压太低

D 水阀中的文丘里管内有脏物堵塞　　　E 调风板开度太大

2.4.9 水气联动阀构造的燃气热水器关水阀后不熄火的原因：

A 水气联动杆被卡住　　　　B 文丘里管中有异物堵塞　　　　C 电池电力不足

D 电磁气阀不能关闭　　　　　　E 水阀内有异物，使薄膜不能复位

2.4.10 水气分开控制的热水器电源指示灯不亮的原因：

A 气阀故障　　　　　　B 电源没电　　　　　　C 电源指示灯坏

D 电源变压器烧坏　　　E 控制电路的故障

2.4.11 水气分开控制的热水器有放电点火火花，但仍不能点着的原因：

A 燃气未进入或供气不足　　　　B 气阀故障　　　　　　C 点火器故障

D 喷嘴的气孔被脏物或异物堵塞　E 燃气二次压降低太多

2.4.12 水气分开控制的热水器点着火后又熄灭的原因：

A 排气烟道堵塞　　　　B 风压开关故障　　　　C 火焰检测回路故障

D 水量传感器故障　　　E 点火器故障

2.4.13 燃气热水器出水不热的原因：

A 喷嘴孔径太大　　　　B 水流量太大　　　　　C 热交换器上积炭太多

D 燃气供气不足　　　　E 热水管路太长

2.4.14 燃气热水器出水太烫的原因：

A 供水水压太低　　　　B 供水水压太高　　　　C 燃气压力太高

D 控制电路失灵　　　　E 进出水管内径太小

2.4.15 下列哪些属室内燃气泄漏处理程序：

A 严禁一切可能产生明火、电火花等火源的行为

B 迅速打开门窗，让泄漏的燃气自然扩散

C 关闭外部气源总阀，切断气源

D 根据现场情况设立必要的警戒线

E 如果事态严重，必须立即撤离，设立警戒线，打电话报警，请求支援

2.4.16 在出现液化石油气大量泄漏时，下列哪些情况容易产生危害：

A 开关电器　　B 敲击铁器　　C 使用手机　　D 脱化纤衣服　　E 抽烟

2.4.17 以下哪些属于违章使用液化石油气钢瓶：

A 火烤　　　　B 开水烫　　　C 倒立放置　　D 放置干燥地方　E 倒残液

2.5 电气知识

2.5.1 下面哪些是摩擦生电的现象：

A 发电机发电　　　　　　B 太阳能电池　　　　　C 梳头时头发会蓬起

D 秋天穿化纤裤易粘在腿上　E 干电池

2.5.2 交流电是指（　）随时间变化的电。

A 电流方向　　B 电流大小　　C 电压大小　　D 电压方向　　E 以上都是

2.5.3 最简单电路由（　）组成。

A 电源　　　　B 电压　　　　C 负载　　　　D 连接导线　　E 电灯

2.5.4 决定导线电阻大小的是：

A 导线长度　　B 导线截面积　C 导线材质　　D 导线重量　　E 以上都是

2.5.5 以下哪些是电做功的例子：

A 发电机发电　B 电动机　　　C 电灯　　　　D 电热水器　　E 空调

2.5.6 静电的特点是：

A 电压很高　　B 尖端放电　　C 能量很大　　D 能量不大　　E 静电感应

2.5.7 下面哪些是静电防护的有效方法：
    A 导体接地   B 绝缘体接地   C 增加空气湿度 D 静电中和   E 以上都是

2.5.8 消除绝缘体上的静电可用下列哪几种方法：
    A 接地   B 增加空气湿度   C 静电中和
    D 降低电阻率   E 掌握静电序列规律

2.5.9 下列哪些是影响触电后果的因素：
    A 通入人体电流的大小   B 电流通入人体的时间   C 触电的方式
    D 电源的频率   E 流过人体电流的途径

2.5.10 人体触电的方式有：
    A 两线触电   B 单线触电   C 直接触电
    D 间接触电   E 接触电压和跨步电压触电

2.5.11 人体通过（ ）的交流电是安全的。
    A 15mA   B 20mA   C 30mA   D 40mA   E 50mA

2.5.12 人体通过（ ）的交流电是不安全的。
    A 20mA   B 25mA   C 30mA   D 35mA   E 50mA

2.5.13 在人体上加（ ）的50Hz交流电是安全的。
    A 12V   B 24V   C 30V   D 36V   E 50V

2.5.14 欧姆定律是反映电路中哪些参数之间关系的重要定律：
    A 电动势   B 电压   C 电流   D 电阻   E 以上都是

2.6 材料及工具

2.6.1 锉刀的形状通常分为以下几种类型：
    A 平形   B 方形   C 三角形   D 圆形   E 椭圆形

2.6.2 安装维修时常用的扳手有以下几种：
    A 活络扳手   B 呆扳手   C 扭矩扳手   D 管钳   E 尖嘴钳

2.6.3 安装热水器连接冷热水管时，可能要用到的工具是：
    A 套丝机   B 管子台虎钳   C 管子铰板   D 管子割刀   E 丝锥

2.6.4 以下哪几种元素在钢里是有害杂质：
    A 碳   B 锰   C 磷   D 硫   E 铁

2.6.5 燃具常用的金属材料有：
    A 不锈钢   B 紫铜   C 铸铝   D 碳素钢   E 铸铁

2.6.6 钢锯锯条的齿左右错开的原因是：
    A 防止锯条卡在锯缝中   B 减少摩擦阻力   C 排屑顺利
    D 锯割省力   E 以上都是

三、判断题

3.1 燃气基础知识

3.1.1 液化气只要与空气混合，遇明火就会爆炸。

3.1.2 三种燃气中，天然气的热值最高。

3.1.3 液态液化石油气比水轻、气态比空气重。

3.1.4 人工煤气的最大缺点是对环境污染大。

3.1.5 可燃气体的爆炸极限越宽，它的爆炸危险性越大。

3.1.6 纯液化石油气的露点较高，在寒冷和较寒冷地区不宜搞纯液化石油气管道供气。

3.1.7 液化石油气本身不含一氧化碳，但其燃烧产物中可能含有一氧化碳有毒成分。

3.1.8 天然气的最大优点是环保效果最好。

3.1.9 天然气的主要成分是甲烷，大多数还含有一定量的乙烷。

3.1.10 燃烧和爆炸就其化学反应而言是没有区别的。

3.1.11 人工煤气顾名思义，完全是用煤炭制造得到的燃气。

3.1.12 可燃气体的浓度高于爆炸上限，则不会发生燃烧。

3.1.13 燃烧速度大的燃气容易燃烧，所以燃烧器的回火倾向小，爆炸时的冲击波大。

3.1.14 燃气的低热值包括燃烧后水蒸气中的潜热。

3.1.15 天然气是最优质的燃气。

3.1.16 液化石油气相对于人工煤气来说，气源投资小，并且无毒。

3.1.17 燃烧三要素，只要缺少其中一个条件，燃烧就不能发生了。

3.1.18 天然气将逐步取代人工煤气。

3.1.19 液化石油气是一种基本无臭、无毒，能够完全燃烧的碳氢化合物。

3.1.20 所谓置换是指将燃气管道内燃气置换成空气。

3.1.21 液化石油气灶具和热水器也适用于人工煤气或天然气。

3.1.22 燃气记号中的符号代表燃气的种类。

3.1.23 与人体血红蛋白的亲和力，一氧化碳比氧气大。

3.2 燃气具知识

3.2.1 燃气用具引射器的主要作用是吸进空气，使空气与燃气均匀混合，保证燃具稳定工作。

3.2.2 灶具风门可以改变一次空气引入口的有效面积，以此来调节燃气灶具的燃烧状况。

3.2.3 灶具喷嘴的作用是输送一定量的燃气，并依靠引射作用吸入一定量的空气。

3.2.4 燃烧设备应具有良好的火焰稳定性，即不应有离焰、回火、黄焰或熄火等现象，在一定的燃气压力波动范围内也能稳定燃烧。

3.2.5 强制排气式燃气热水器燃烧所需空气取自室外，产生的烟气也排到室外。

3.2.6 强制给排气式燃气热水器燃烧所需空气取自室内，产生的烟气排到室外。

3.2.7 浴用直排式热水器是国家禁止生产、销售的产品。

3.2.8 压电陶瓷点火器需要使用外接电源（如干电池、市电）。

3.2.9 压差式水气联动装置的关键部件是文丘里管。

3.2.10 强制排气式热水器为密闭式热水器。

3.2.11 直排式热水器价格低，安装简单，只要安装了排风设施，可以用于淋浴。

3.2.12 密闭式热水器包括强制给排气式热水器和自然给排气式热水器。

3.2.13 冷凝式燃气热水器的最大优点是热效率高。

3.2.14 燃具在燃烧过程中需要一些空气助燃，空气量不足对燃烧影响不大。

3.2.15 10升热水器就是温升 25℃情况下，出热水 10L。

3.2.16 家用燃气灶按用气种类可分为人工燃气灶、天然气灶、液化石油气灶。

3.2.17 家用燃气灶按火眼数分为单眼灶、双眼灶、多眼灶和电磁灶。

3.2.18 家用燃气灶由燃烧器、引射器、点火装置和供气管路等组成。

3.2.19 大气式燃烧器由喷嘴、风门、引射器、燃烧器头部等组成。

3.2.20　通过燃气比例阀的燃气量与电流之间有很好的线性关系。

3.2.21　火焰检测棒是离子器件。

3.2.22　一次压、二次压与一次空气、二次空气是一回事。

3.2.23　为保证燃气充分燃烧，燃烧器头部容积越大越好。

3.2.24　燃烧器头部各点混合气体的压力基本相等是燃烧器稳定燃烧的基本条件。

3.2.25　自然排气式燃气热水器中最好也安装漏电保护器。

3.2.26　灶具上喉管的作用是使混合气流在管内的速度、浓度和温度变得均匀。

3.2.27　强制给排气式热水器是半密闭式热水器。

3.2.28　热电偶式熄火保护装置是燃气灶的基本保护装置。

3.2.29　灶具的喷嘴分为固定喷嘴和可调喷嘴。

3.2.30　水量传感器是磁传感器。

3.3　燃气具安装

3.3.1　装修房屋时，如果燃气管道挡住地方，应先关闭阀门，切断气源，再改换燃气管道位置。

3.3.2　波纹管可安装在燃具的进气管路上。

3.3.3　安装热水器时最常用的紧固件有膨胀螺栓。

3.3.4　家用燃气流量表可安装在浴室内。

3.3.5　燃气报警器的周围不能有其他刺激性气体。

3.3.6　燃气胶管必须采用专用的耐油橡胶管，质量必须符合国家有关标准要求。

3.3.7　燃气胶管不得高于炉面，否则容易被火烤。

3.3.8　燃气进气阀门应设在易于检查、便于操作的位置。

3.3.9　没有给排气条件的房间严禁安装非密闭式燃具。

3.3.10　安装在浴室内的燃具必须是密闭式燃具。

3.3.11　排气筒、给排气筒上方严禁安装挡板。

3.3.12　给气口和换气口均应设置在直通大气的地点。

3.3.13　强制排气式热水器排气管风帽可安装在风压带内。

3.3.14　热水器的排气管可不伸出墙外。

3.3.15　燃具不应安装在有易燃物堆存的地方。

3.3.16　室外型燃气热水器可安装在室内。

3.3.17　燃气软管连接时不得使用三通，形成两个支管。

3.3.18　室内低压燃气钢管可暗埋于墙壁内。

3.3.19　燃具安装处所最好设置燃气泄漏报警切断装置。

3.3.20　安装燃具的部位应是由不可燃材料建造而成。

3.3.21　热水器如未安装到位，也可酌情予以点火通气。

3.3.22　使用交流电进行脉冲点火的嵌入式灶具，其插座允许设在地柜内。

3.3.23　管道燃气所有管路的接驳应由燃气公司的有关人员进行，其他人员不得擅自接驳。

3.3.24　燃气热水器安装完毕后，应先对水路、气路进行检漏，然后再运行调试。

3.3.25　室内燃气管道不得敷设在易燃易爆的仓库、配电间、变电室、电缆沟、烟道和进风口等地方及潮湿或有腐蚀性介质的房间内。

3.3.26　燃气流量表、调压器等严禁安装在卧室、浴室、危险品和易燃物品堆放处。

3.3.27　在便于维修的前提下，燃气管道应尽可能减少转弯及接口数量。

3.3.28 热水器的上部不得有电力明线、电器设备和易燃物。

3.3.29 燃具安装既要确保燃具的安全使用,又要便于操作使用和维修。

3.3.30 嵌入式灶具下方的地柜内如安装燃气泄漏报警器,其插座可设在嵌入式灶具下方的地柜内。

3.3.31 微波炉、消毒碗柜的插座可设在嵌入式灶具下方的地柜内。

3.3.32 给排气风帽应装在敞开的室外空间,也可安装在不滞留烟气的敞开式走廊或敞开阳台上。

3.4 维修

3.4.1 燃气检漏应使用仪器或肥皂水,禁止明火检漏。

3.4.2 液化石油气钢瓶冬天加热和倒置问题不大,关键是不能摔,不能砸钢瓶。

3.4.3 因为液化石油气钢瓶内的残液含有大量易燃成分,所以严禁私自倒残。

3.4.4 U形气压表也可以用来测量水压。

3.4.5 发现供气管道和设施有破损和漏气情况时,必须及时修理或更换。

3.4.6 为了加大液化石油气的供气量,增大火力,可以将减压阀拆除。

3.4.7 钢瓶只要不发生破裂、表面腐蚀不严重,就可以一直使用。

3.4.8 液化气钢瓶内的残液倒入下水道比较安全。

3.4.9 灶具火焰发黄有黑烟时,可调节风门减少一次空气量。

3.4.10 灶具燃烧出现回火可判定为气源质量有问题。

3.4.11 文丘里管堵塞可导致热水器关水阀后不熄火。

3.4.12 热水器着火后水不热肯定是由于气量太小。

3.4.13 燃气燃烧速度变小,灶具容易产生离焰。

3.4.14 可以用明火测试燃具是否漏气,用肥皂水不容易测试漏气部位。

3.4.15 燃气热水器进水压力太高容易使水不热。

3.4.16 燃气热水器进水压力太小夏天容易发生水太烫。

3.4.17 冬天防止热水器发生冻结的有效方法,是进行放水处理。

3.4.18 燃气热水器一次空气过量,容易造成点火爆鸣。

3.4.19 到用户家检查热水器故障时,当然是先把燃气阀门打开。

3.4.20 当热水器出水不热时,可以适当扩大喷嘴。

3.4.21 燃气热水器过热保护装置出现故障,可以将它短路使热水器正常运转起来。

3.4.22 检查热水器故障时,应依照先查外后查内的原则。

3.4.23 由于环境污染,燃具会出现黄焰。

3.4.24 在使用灶具的过程中必须定期清除堵塞喷嘴的污垢。

3.4.25 燃具产生离焰的原因一定是气压过高。

3.4.26 电池没电可能导致压电陶瓷点火装置点火失灵。

3.4.27 用户家有煤气泄漏时,可打开抽油烟机,防止煤气积聚造成爆炸。

3.4.28 煤气表转动快,肯定是燃气具耗气量大。

3.5 电气知识

3.5.1 两物体所带电荷性质相同时,两物体相互吸引。

3.5.2 两物体所带电荷性质相反时,两物体相互排斥。

3.5.3 电是由摩擦产生的。

3.5.4 电压的方向是由低电位指向高电位。

3.5.5 能够存储电场能量的器件叫做电容器。

3.5.6 用对地绝缘的方法可防止两线触电。

3.5.7 高压线断落地面时，人在附近走动有触电危险。

3.5.8 电流如沿着人体的脊柱流过，或者流过身体中的重要器官，尤其是心脏，是最危险的。

3.5.9 频率为50～60Hz的电流对人体触电伤害程度最为严重。

3.5.10 人体通过20mA的交流电是安全的。

3.5.11 人体通过50mA的交流电是安全的。

3.5.12 人体电阻的大小是影响触电后果的重要因素。

3.5.13 导线的电阻大小与导线材料及截面积等有关。

3.5.14 单线触电是最危险的。

3.5.15 增大人与地面的接触电阻，如戴绝缘手套、穿绝缘靴等可以有效防止单线触电。

3.5.16 用试电笔测试时，如果氖泡不发光，说明该物体不带电。

3.5.17 想测量电路板上某一元件的电阻，可以直接测量。

3.5.18 直流电的电流方向和大小不随时间变化。

3.5.19 交流电的电流方向和大小都随时间变化。

3.5.20 两点间的电位差就叫电压。

3.5.21 电阻率大的物质叫绝缘体，电阻率小的物质叫导体。

3.5.22 民用供电一般都采用三相四线制方式。

3.5.23 接地是绝缘体防静电的重要措施之一。

3.5.24 只要停止摩擦运动，静电就会逐渐消散。

3.5.25 可用铁棍木棒等硬物将电源线从触电者身上分开。

3.5.26 我国规定适用于一般环境的安全电压为36V。

3.6 材料及工具

3.6.1 新锉刀可锉硬金属，也可锉软金属。

3.6.2 锉刀不可叠放或与其他工具堆放。

3.6.3 碳钢又分为低碳钢、中碳钢和高碳钢。

3.6.4 硫和磷会增加钢的脆性。

3.6.5 推锯返回时不要施加压力，快锯断时应适当放慢速度。

3.6.6 在换用新锯条时，一般不宜在旧缝中连续锯切，宜从另一面重新起锯。

3.6.7 在外力作用下，产生塑性变形而不破坏的能力叫弹性。

3.6.8 塑料属于高分子材料。

3.6.9 强度或硬度高的材料，它的切削性能差。

3.6.10 铝、铜、铁、钢等是黑色金属。

3.6.11 铝塑复合管不耐紫外线。

3.6.12 铜管的耐腐蚀性能较好。

3.6.13 在钢筋混凝土墙壁上打孔，使用一般手枪钻就可以了。

附 2　测试题答案

一、单选题

1.1　燃气基础知识

1.1.1　答案：B	1.1.2　答案：A	1.1.3　答案：B
1.1.4　答案：B	1.1.5　答案：C	1.1.6　答案：B
1.1.7　答案：A	1.1.8　答案：B	1.1.9　答案：C
1.1.10　答案：C	1.1.11　答案：A	1.1.12　答案：D
1.1.13　答案：B	1.1.14　答案：A	1.1.15　答案：B
1.1.16　答案：C	1.1.17　答案：A	1.1.18　答案：B

1.2　燃气具知识

1.2.1　答案：A	1.2.2　答案：A	1.2.3　答案：B
1.2.4　答案：C	1.2.5　答案：C	1.2.6　答案：D
1.2.7　答案：B	1.2.8　答案：A	1.2.9　答案：C
1.2.10　答案：D	1.2.11　答案：B	1.2.12　答案：B
1.2.13　答案：C	1.2.14　答案：C	1.2.15　答案：C
1.2.16　答案：A	1.2.17　答案：B	1.2.18　答案：A
1.2.19　答案：B	1.2.20　答案：D	1.2.21　答案：A
1.2.22　答案：D	1.2.23　答案：B	1.2.24　答案：C
1.2.25　答案：B	1.2.26　答案：B	

1.3　燃气具安装

1.3.1　答案：B	1.3.2　答案：C	1.3.3　答案：B
1.3.4　答案：C	1.3.5　答案：C	1.3.6　答案：C
1.3.7　答案：B	1.3.8　答案：C	1.3.9　答案：C
1.3.10　答案：D	1.3.11　答案：D	1.3.12　答案：B
1.3.13　答案：C	1.3.14　答案：A	1.3.15　答案：C
1.3.16　答案：A	1.3.17　答案：B	1.3.18　答案：B

1.4　维修

1.4.1　答案：D	1.4.2　答案：B	1.4.3　答案：D
1.4.4　答案：B	1.4.5　答案：B	1.4.6　答案：B
1.4.7　答案：A	1.4.8　答案：C	1.4.9　答案：D
1.4.10　答案：B	1.4.11　答案：D	1.4.12　答案：C

1.5　电气知识

1.5.1　答案：B	1.5.2　答案：B	1.5.3　答案：B

1.5.4　答案：C	1.5.5　答案：B	1.5.6　答案：A
1.5.7　答案：B	1.5.8　答案：D	1.5.9　答案：C
1.5.10　答案：C	1.5.11　答案：D	1.5.12　答案：D
1.5.13　答案：C	1.5.14　答案：C	1.5.15　答案：C
1.5.16　答案：C	1.5.17　答案：C	1.5.18　答案：B
1.5.19　答案：A	1.5.20　答案：B	1.5.21　答案：A
1.5.22　答案：A	1.5.23　答案：B	1.5.24　答案：A

1.6　材料及工具

1.6.1　答案：C	1.6.2　答案：D	1.6.3　答案：D
1.6.4　答案：B	1.6.5　答案：D	1.6.6　答案：C
1.6.7　答案：C	1.6.8　答案：B	1.6.9　答案：C
1.6.10　答案：C		

二、多选题

2.1　燃气基础知识

2.1.1　答案：ABC	2.1.2　答案：AC	2.1.3　答案：ABE
2.1.4　答案：AB	2.1.5　答案：BCD	2.1.6　答案：AB
2.1.7　答案：ABCE	2.1.8　答案：ABCE	2.1.9　答案：ABC
2.1.10　答案：ABD	2.1.11　答案：ABC	2.1.12　答案：BCD
2.1.13　答案：ABCD	2.1.14　答案：ABC	2.1.15　答案：ABCDE

2.2　燃气具知识

2.2.1　答案：ABCDE	2.2.2　答案：ABCD	2.2.3　答案：ABCDE
2.2.4　答案：ACDE	2.2.5　答案：ABCD	2.2.6　答案：AB
2.2.7　答案：ABC	2.2.8　答案：CDE	2.2.9　答案：ABCD
2.2.10　答案：CD	2.2.11　答案：ABCDE	2.2.12　答案：ABCDE

2.3　燃气具安装

2.3.1　答案：ABD	2.3.2　答案：BDE	2.3.3　答案：BC
2.3.4　答案：ABC	2.3.5　答案：ACDE	2.3.6　答案：ABC
2.3.7　答案：BD	2.3.8　答案：ABCDE	

2.4　维修

2.4.1　答案：ABDE	2.4.2　答案：ABCD	2.4.3　答案：ABCE
2.4.4　答案：ABC	2.4.5　答案：BCDE	2.4.6　答案：ABCD
2.4.7　答案：BCDE	2.4.8　答案：ABCD	2.4.9　答案：ABDE
2.4.10　答案：BCDE	2.4.11　答案：ABDE	2.4.12　答案：ABCD
2.4.13　答案：BCDE	2.4.14　答案：ACDE	2.4.15　答案：ABCDE
2.4.16　答案：ABCDE	2.4.17　答案：ABCE	

2.5　电气知识

2.5.1　答案：CD	2.5.2　答案：ABCDE	2.5.3　答案：ACD
2.5.4　答案：ABC	2.5.5　答案：BCDE	2.5.6　答案：ABDE
2.5.7　答案：ACD	2.5.8　答案：BCDE	2.5.9　答案：ABDE

2.5.10　答案：ABE　　　2.5.11　答案：ABC　　　2.5.12　答案：DE

2.5.13　答案：ABCD　　2.5.14　答案：ABCDE

2.6　材料及工具

2.6.1　答案：ABCD　　　2.6.2　答案：ABC　　　2.6.3　答案：ABCD

2.6.4　答案：CD　　　　2.6.5　答案：ABCDE　　2.6.6　答案：ABCDE

三、判断题

3.1　燃气基础知识

3.1.1　答案：N　　　3.1.2　答案：N　　　3.1.3　答案：Y

3.1.4　答案：Y　　　3.1.5　答案：Y　　　3.1.6　答案：Y

3.1.7　答案：Y　　　3.1.8　答案：Y　　　3.1.9　答案：Y

3.1.10　答案：Y　　　3.1.11　答案：N　　　3.1.12　答案：N

3.1.13　答案：N　　　3.1.14　答案：N　　　3.1.15　答案：Y

3.1.16　答案：Y　　　3.1.17　答案：Y　　　3.1.18　答案：Y

3.1.19　答案：Y　　　3.1.20　答案：N　　　3.1.21　答案：N

3.1.22　答案：Y　　　3.1.23　答案：Y

3.2　燃气具知识

3.2.1　答案：Y　　　3.2.2　答案：Y　　　3.2.3　答案：Y

3.2.4　答案：Y　　　3.2.5　答案：N　　　3.2.6　答案：N

3.2.7　答案：Y　　　3.2.8　答案：N　　　3.2.9　答案：Y

3.2.10　答案：N　　　3.2.11　答案：N　　　3.2.12　答案：Y

3.2.13　答案：Y　　　3.2.14　答案：N　　　3.2.15　答案：N

3.2.16　答案：Y　　　3.2.17　答案：N　　　3.2.18　答案：Y

3.2.19　答案：Y　　　3.2.20　答案：Y　　　3.2.21　答案：Y

3.2.22　答案：Y　　　3.2.23　答案：N　　　3.2.24　答案：Y

3.2.25　答案：N　　　3.2.26　答案：Y　　　3.2.27　答案：N

3.2.28　答案：Y　　　3.2.29　答案：Y　　　3.2.30　答案：Y

3.3　燃气具安装

3.3.1　答案：N　　　3.3.2　答案：Y　　　3.3.3　答案：Y

3.3.4　答案：N　　　3.3.5　答案：Y　　　3.3.6　答案：Y

3.3.7　答案：N　　　3.3.8　答案：Y　　　3.3.9　答案：Y

3.3.10　答案：Y　　　3.3.11　答案：Y　　　3.3.12　答案：Y

3.3.13　答案：Y　　　3.3.14　答案：N　　　3.3.15　答案：Y

3.3.16　答案：Y　　　3.3.17　答案：Y　　　3.3.18　答案：N

3.3.19　答案：Y　　　3.3.20　答案：Y　　　3.3.21　答案：N

3.3.22　答案：Y　　　3.3.23　答案：Y　　　3.3.24　答案：Y

3.3.25　答案：Y　　　3.3.26　答案：Y　　　3.3.27　答案：Y

3.3.28　答案：Y　　　3.3.29　答案：Y　　　3.3.30　答案：Y

3.3.31　答案：N　　　3.3.32　答案：Y

3.4　维修

3.4.1 答案：Y	3.4.2 答案：N	3.4.3 答案：Y
3.4.4 答案：N	3.4.5 答案：Y	3.4.6 答案：N
3.4.7 答案：N	3.4.8 答案：N	3.4.9 答案：N
3.4.10 答案：N	3.4.11 答案：Y	3.4.12 答案：N
3.4.13 答案：Y	3.4.14 答案：N	3.4.15 答案：Y
3.4.16 答案：Y	3.4.17 答案：Y	3.4.18 答案：Y
3.4.19 答案：N	3.4.20 答案：N	3.4.21 答案：N
3.4.22 答案：Y	3.4.23 答案：Y	3.4.24 答案：Y
3.4.25 答案：N	3.4.26 答案：N	3.4.27 答案：N
3.4.28 答案：N		

3.5 电气知识

3.5.1 答案：N	3.5.2 答案：N	3.5.3 答案：N
3.5.4 答案：N	3.5.5 答案：Y	3.5.6 答案：N
3.5.7 答案：Y	3.5.8 答案：Y	3.5.9 答案：Y
3.5.10 答案：Y	3.5.11 答案：N	3.5.12 答案：Y
3.5.13 答案：Y	3.5.14 答案：N	3.5.15 答案：Y
3.5.16 答案：N	3.5.17 答案：N	3.5.18 答案：Y
3.5.19 答案：Y	3.5.20 答案：Y	3.5.21 答案：Y
3.5.22 答案：Y	3.5.23 答案：Y	3.5.24 答案：Y
3.5.25 答案：N	3.5.26 答案：Y	

3.6 材料及工具

3.6.1 答案：N	3.6.2 答案：Y	3.6.3 答案：Y
3.6.4 答案：Y	3.6.5 答案：Y	3.6.6 答案：Y
3.6.7 答案：N	3.6.8 答案：Y	3.6.9 答案：Y
3.6.10 答案：N	3.6.11 答案：Y	3.6.12 答案：Y
3.6.13 答案：N		

附 3　常用计量单位的换算

一、压力单位

1 毫米水柱（mmH$_2$O）=9.806 帕（Pa）≈ 10 帕（Pa）

1 毫米水柱（mmH$_2$O）=1×10^{-4} 千克力/平方厘米（kgf/cm^2）

（1kgf/cm^2 即大家习惯上常说的 1 公斤）

1 兆帕（MPa）=10^3 千帕（kPa）

1 千帕（kPa）=10^3 帕（Pa）

二、热量单位

1 卡（cal）= 4.18 焦耳（J）

1 兆焦（MJ）= 10^6 焦耳（J）

1 千瓦（kW）=3.6 兆焦/小时（MJ/h）

三、电阻单位

1 兆欧（MΩ）=10^3 千欧（kΩ）

1 千欧（kΩ）=10^3 欧姆（Ω）

四、电压单位

1 伏（V）=10^3 毫伏（mV）

1 毫伏（mV）=10^3 微伏（μV）

五、电流单位

1 安培（A）=10^3 毫安（mA）

1 毫安（mA）=10^3 微安（μA）

六、电容单位

1 法拉（F）=10^6 微法（μF）=10^{12} 皮法（pF）

七、电感单位

1 亨利（H）=10^3 毫亨（mH）=10^6 微亨（μH）

八、频率单位

1 千赫（kHz）＝ 10^3 赫兹（Hz）

1 兆赫（MHz）＝ 10^3 千赫（kHz）

九、管径单位

1 英寸（in）＝ 25.4 毫米（mm）

4 分管＝ 1/2 英寸（in）＝ 12.7 毫米（mm）

6 分管＝ 3/4 英寸（in）＝ 19.05 毫米（mm）

参 考 文 献

1. 家用燃气快速热水器. 中华人民共和国国家标准 GB 6932—2015.

2. 城镇燃气分类和基本特性. 中华人民共和国国家标准. GB/T 13611—2018.

3. 家用燃气灶具. 中华人民共和国国家标准. GB 16410—2020.

4. 家用燃气燃烧器具安全管理规则. 中华人民共和国国家标准. GB 17905—2008.

5. 家用燃气快速热水器和燃气采暖热水炉能效限定值及能效等级. 中华人民共和国国家标准. GB 20665—2015.

6. 家用燃气燃烧器具安装及验收规程. 中华人民共和国行业标准. CJJ 12—2013.

7. 燃气采暖热水炉. 中华人民共和国国家标准. GB 25034—2020.

8. 冷凝式家用燃气快速热水器. 中华人民共和国城镇建设行业标准. CJ/T 336—2010.

9. 冷凝式燃气暖浴两用炉. 中华人民共和国住房和城乡建设部. CJ/T395—2012.

10. 燃气热水器. 夏昭知等著. 重庆：重庆大学出版社，2002.

11. 燃气工程便携手册. 李公藩著. 北京：机械工业出版社，2002.

12. 天然气燃烧及应用技术. 李方运 编著. 北京：石油工业出版社，2002.

13. 工程流体力学. 夏泰淳著. 上海：上海交通大学出版社，2006.

14. ガス機器の設置基準及び実務指針. 日本ガス機器検査協会，平成 2 年.

15. 磁気センサとその使い方. 谷腰欣司. 日刊工業新聞社，昭和 61 年.

16. 电工基础. 陆荣主编. 北京：机械工业出版社，2006.

17. 用电安全技术. 崔政斌编. 北京：化学工业出版社，2004.

18. 液化石油气操作技术与安全管理. 祖因希主编. 北京：化学工业出版社，2004.

19. 机械工程材料. 王章忠主编. 北京：机械工业出版社，2007.

20. 金工实习. 周伯伟. 南京：南京大学出版社，2006.